生命の内と外

永田和宏

新潮選書

はじめに

自己と他者。ギリシアの時代より長く哲学の命題であり続けたこの問題を考えるとき、まず私たちがイメージするのは、目に見える個体としての自己、そしてやはり目に見えるものとしての他者という存在であろう。内なる自己というものを考えるときにも、その思考のベースには、一枚の皮膚によって囲われた一人の人間としての〈私〉があるはずである。

自己を考えるとき、対概念としての他者を考えることが重要になるように、「内なる自己」というものに目を向けようとすると、自己を取り巻く外の環境に目を向けざるを得ない。自分のまわりにあるすべてが、外部環境として自己の生存に何らかの関わりを持っている。単純な図式である。

しかし、自分という存在は、どこまでが自分なのかと考えると、少し事情は複雑になるだろう。一枚の皮膚に囲われた内部が自分である。生物学的にはいちおうそのように言えそうだが、実は私たち自己の内部には他者をも棲まわせている。単に哲学的な思考の枠組みではなく、生物としての私たち生命の内側には、他の生命が棲み着いているのである。

たとえば腸のなかのバクテリア（腸内細菌）。抗菌石鹸、抗菌まな板、抗菌靴下など抗菌アイテムが流行しているが、どんなに抗菌に気をつけても、私たちの内部、特に大腸の中には数えきれないバクテリアが棲んでいる。最近の研究によれば、その数1000種類、600兆～1000兆個。試みに、それらあなた一人の大腸のなかに棲んでいるバクテリアを一列に並べてみればよい。実に地球を15～25周もできる長さになることだろう。彼らが勝手に棲んでいるのではなくて、棲んでもらっているのである。彼らなしでは、私たちは正常な生活を営めない。私たち〈自己の内部〉には、それだけの数の他者がいる。

腸の中は、トポロジー（位相空間）的には外部であり、バクテリアは〈自己の外部〉にある存在なのだと言うことはできるだろう。それでは、あなたの個々の細胞のなかに、他者が棲んでいるということは知っているだろうか。実は、私たちを作っている60兆個の細胞の、一つ一つの内部には、かつてのバクテリアの子孫が棲んでいるのである。ミトコンドリアと呼ばれて、個々の細胞にエネルギーを供給してくれている細胞内の存在、その大切な大切な細胞小器官は、太古の昔、私たちの内部に棲み着いて、今もなお私たちと共生しているバクテリアの成れの果て（失礼！）、子孫なのである。彼らは自分自身のＤＮＡを持っていて、分裂しながら数を増やしている。このミトコンドリアは他者なのか自己なのか。自己と他者は生物学的にもややこしい。

私たちが皮膚によって外界から区画されているように、個々の細胞というレベルで見た生命も、一枚の細胞膜によって外界から区画されている。バクテリアとか酵母などの単細胞生物は、一個の細胞が一個の生命である。個々の生命体は、細胞膜によって外部の環境と区画されることによって、生命なのである。私たち多細胞生物においても、個々の細胞は、それぞれ細胞膜によって外部、または他の細胞と区画されている。

そもそも生命は、膜で囲われることによって、はじめて個々の生命が〈細胞〉という単位として誕生したのである。外界から区画されること、これは生命であることの最低必要条件の一つである。自己を囲む膜がきっちりと自己の内部と外部とを区画してくれなければ、生命としての安定性と、自律性、統一性は保てない。

事実、細胞の「生き死に」をチェックする方法として、私たち哺乳類の細胞にある種の染色液を加えて、細胞が染まるかどうかでチェックする方法がある。染まれば、細胞膜に孔が開いているので、その細胞は死んでおり、染まらなければ細胞膜が完全に閉じていることから、それは生細胞であると判断される。つまり生きているとは、自己をまわりの環境から〈区画化〉することが前提とされているのである。

しかし、生命の誕生に際して、細胞（生命）が膜によって区画されたとき、細胞は同時に決定的な自己矛盾を抱え込むことになってしまった。膜によって外界と隔てられなければ生命としては存在できないが、いっぽうで、外界と完全に隔離されてしまえば、これまた生命としての活動を営むことはできないのである。

生命が生命であるためには、代謝活動が必須である。外部から栄養物や酸素などの生存に必要な多くの分子、物質を取り込み、それを自己の形成に必須なさまざまの高分子やエネルギーの生産のために使わなければならない。外部から遮断されると、反応（代謝）に必要な物質の供給がストップし、かつ反応に必要なエネルギーの供給も遮断される。これでは反応が自己完結的になり、エントロピー増大の法則に従って、完全なる無秩序へと生命活動は減衰するほかはない。

いっぽうで、代謝活動のなかでできた廃棄物（ゴミ）は、外の環境に排出しなければ、これまた生きてはゆけない。たとえばタンパク質は、老化したり、外部からのさまざまのストレスによって壊れてしまう（変性）。この変性したタンパク質を分解処理し、廃棄処分してやらなければ、神経変性疾患などを引き起こすことになってしまう。アルツハイマー病やパーキンソン病、筋萎縮性側索硬化症（ＡＬＳ）などのよく知られた神経変性疾患の原因は、多くの場合、変性タンパク質の処理機構の破綻によるものである。

つまり、生命は外部に対して「閉じつつ、開いて」いなければならないのである。事実細胞膜は、文字通り水も漏らさぬ完全性（インテグリティ）を保ちながら、必要に応じて、水やアミノ酸、グルコースやさまざまなイオンを旺盛に細胞内部に取り込むことができる。また逆に、インスリンなどの血中タンパク質を細胞外部に分泌し、不要なタンパク質のゴミやイオンも細胞外に放出する。「閉じて」いなければ生命は維持できないが、「閉じて」ばかりいては、同じく生命活動は維持できない。

「閉じつつ、開く」、このジレンマを克服するために、あるいはアポリア（困難）を解決するために、生命は、その誕生以来、さまざまな方法を編み出してきた。そのひとつひとつをつぶさに見るとき、そのあまりの見事さに思わず息を呑む。私はもちろん進化論を信じるものであるが、その個々の工夫、トリックの多様性と巧妙さに触れるとき、これらが単に時間のなかで、試行錯誤の果てに成ったシステムとは、にわかに信じられないことが多い。どこかに全能の存在があり、その頭のなかで練りに練った、考えに考えられた挙句の工夫ではないかと疑ってみたくもなるのである。

本書は、そのような「閉じつつ、開いて」いる膜という存在に焦点をあて、いかに細胞という存在（自己）が、外部と折り合いをつけながら、交流をしているかの現場を紹介したいと思うところから成った本である。私の専門は細胞生物学、広くは生命科学者と呼ばれるものだが、そのような専門家が自分たちの感激するところを、生命科学になじみのない読者にもお伝えできればと、書き始めた本である。

さらに生命の本質として、「変わりつつ、変わらない」という性質もきわめて大切なものである。私たち個体は、一個の受精卵が細胞分裂を重ね、60兆個という数の細胞を生み出してきたのであるが、単に増えるだけでは個体を形成することはできず、分裂の過程でさまざまの細胞の個性を生み出しても来た。発生の途中で、あるものは血液細胞になり、あるものは筋肉細胞や神経細胞になる。これを分化と言うが、常に変化しつづけることは生命の大切な性質である。

いっぽうで外界は常に変化し、私たちの生命に重大な影響を与えようとしている。それら外界の急激な変化に対して、その都度、その変化のままに自身を変えていたのでは、生命の自律性と統一性はたちまち危機に瀕することにならざるを得ない。外界の変化を取り込み、対応しつつ、全体としては、内部の変化を最小限に抑える必要がある。これを恒常性（ホメオスタシス）の維持と言う。あくまで自己は自己。これを頑固に死守しなければ、生命を維持してゆくことはできない。この恒常性維持機構はまた、膜を介した外界との物質や情報のやり取りを前提、そして必須のものとしている。

外界の変化にやわらかく対応し、それをやり過ごしつつ、己はしっかりと維持していく。そんなイメージである。内部の恒常性を守るために、外部にどのように対応し、折り合いをつけてゆくか。その手練手管が大切になってくるのは、何も対人関係や外交関係だけではなさそうである。アイデンティティの確保は、恒常性の維持を前提としていると言ってもいいだろう。

本書の第二部では、膜の不思議からさらに進んで、それらを介した内部の恒常性維持の巧妙な仕組みについて紹介をしたいと思っている。外界との区画、そして内部恒常性の維持、いずれも生命の本質そのものであると私は考えているが、それらをこの分野に対する知識を持たない読者と共有したいものと願っている。

私はこれから述べてゆく細胞の巧妙な仕組みを、すぐに現実世界にアナロジー（類比）として持ち込もうとは考えていない。しかし、これを読み終わったのち、たとえば自己と他者、わが国と世界の他の国々との関係、人間という存在とそれを取り巻く地球環境との関わり、などといった問題が浮かび上がってきたとき、我々が意識しない極小の世界でも、細胞という生命体は、それら自己矛盾にも近い困難な問題に対して、彼らなりの素晴らしい方法で対処していることを知っていることは、どこかで考え方の余裕というか、風通しの良さを与えてくれるものではないかと思っている。そんなこともどこかで少し心に止めておいていただければうれしいことである。

記述については、できるだけやさしくなるよう心掛けたつもりである。極力専門用語も減らすようにした。しかし、細胞や生命活動のほんとうのおもしろさ、奥深さを知っていただくためには、単なる比喩を用いたうわっつらだけの記述では、それを読者に実感してもらうことはできないと私は考えている。読者に対して却って失礼と考えるものである。

知識として知ってもらうだけではなく、その現場に立って感激してもらうためには、ある程度の基礎知識を含めた説明は不可避であろう。そんなちょっと面倒くさい部分にも付き合っていただけるとありがたいと考えている。すべてを理解していただく必要も、個々のタンパク質の名前などを記憶していただく必要も毛頭ないが、時に読み飛ばしつつも、とにかく最後までお読みいただけることを願っている。

生命の内と外　目次

生命の内と外

第一部　閉じつつ開いている膜の不思議

第1章　人間の内なる外部

口から肛門まで

人が食べ物を口に入れる。それらは咽喉を通過し、胃で部分的に消化され、小腸でほぼ消化が完了して、吸収される。残りが肛門から排泄される。

おそらく誰もが知っている、この食物摂取という作業のなかで、食べ物は、どの段階でヒト（生物としての人の場合は、慣例に従ってヒトと片仮名で書くことにする）の内部に入ったと言えるのだろうか？

辞書的には、「摂取」は「栄養物を体内に取り入れること」という意味になり、外から内へ、物を取り込むことである。食べ物の場合も、まずは普通に、口に入れたときヒトの内部に入った、と答えたい気がするが、口はヒトの内部だろうか？

口を閉じれば内部という気がするが、開ければそのまま外部そのものである。どうも口腔内を内部とは呼べないような気がする。それでは咽喉を通過して胃に到達したとき？　いくらなんでも胃の中は、内部と言いたいが、胃と口とは、咽喉と食道によって繋がったひと続きの管であり、トポロジー的には外部である。

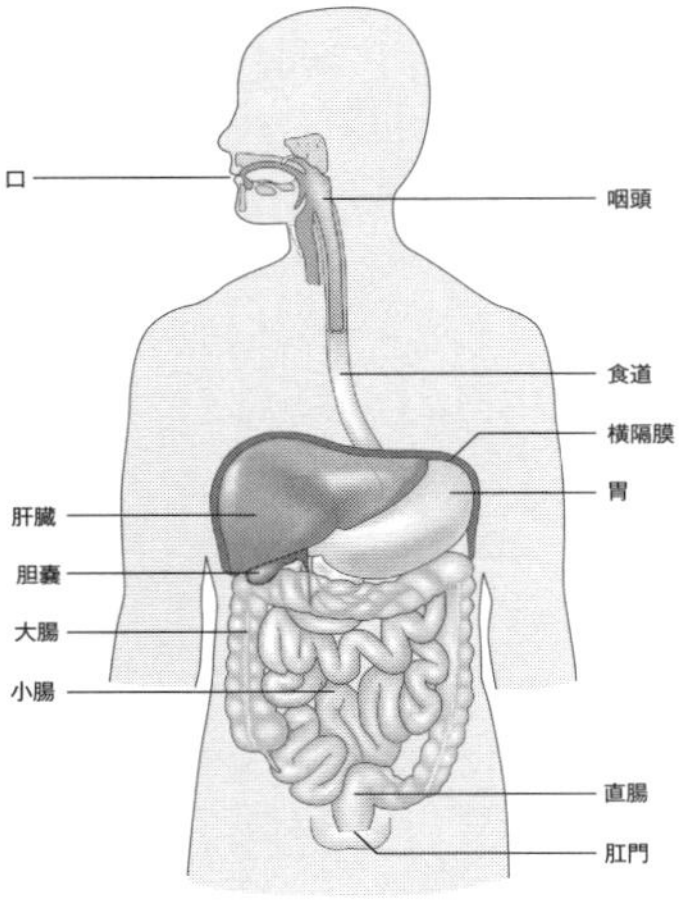

【図１】　ヒトの消化管

そのように見てくると、口、咽喉、食道、胃、十二指腸、小腸、大腸、そして肛門と、食物が辿る一連の器官は、どこをとってもすべてヒトの外部であることがわかる（【図１】）。

そう、ヒトは、その内側に一筋の外部を抱え込んだ存在なのである。口から肛門にいたる消化器官は、ヒトの「内なる外部」の代表例である。口から肛門まで、ヒトでは消化管の長さは６〜８メートルにもなる。ヒトは内部にそれだけの外部を抱えた存在なのである。[注1]

内なる外部・消化管

代表例と言ってしまったが、ヒトの内側には、実はそのような内なる外部は他にも多くの例がある。

盲腸と言うと、すぐに病気を連想する人が多いだろう。一昔前までは、盲腸の手術というのは多くの日本人が経験する手術であった。盲腸と一般に呼ばれる病気は、正確には虫垂炎と呼ばれる炎症を指す。虫垂に細菌やウイルスが感染し、炎症を起こすのである。

この病名から、盲腸と虫垂とを混同している人は意外に多い。盲腸という器官は、小腸と大腸の境目に存在する部位を言う。正確には、小腸の一部、回腸から、大腸の上行結腸へ移行する部位にあり、盲腸の端に虫垂と呼ばれる小さな突起がある（【図2】）。つまり小腸から大腸へと至る回路の途中に、行き止まりの短い部分があり、袋小路になっている。盲腸と呼ばれるのはそこからきている。

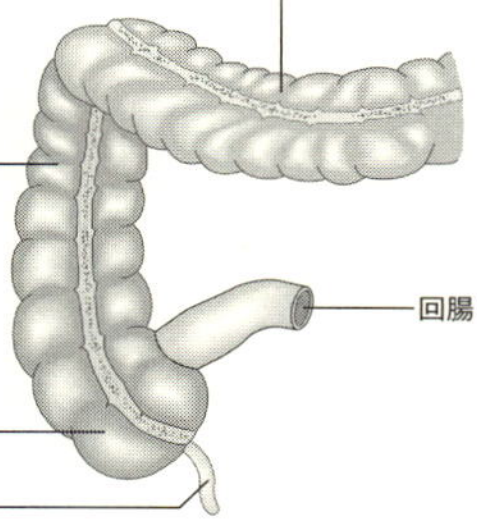

【図2】 盲腸と虫垂

小腸から大腸へ至るのに、なぜこんな不格好な継ぎ方をしたのか、見るたびに、まるでできそこないの工作のような気がしてしまう。神さまも、この辺で面倒臭くなって適当に繋いだのか。盲腸がなぜ必要なのか、実はこれは進化のなごりで、草食動物などでは盲腸はもっと大きく、そこでバクテリアの力を借りつつセルロースの分解などを行っているらしい。とまれ、この盲腸、虫垂の内部も、当然のことながら外部である。

京都には大路《おおじ》、小路《こうじ》、図子《ずし》、路地《ろじ》などと呼び分けられる道がある。北大路や東大路などの大きな道が碁盤目状に走っていることはよく知られているが、そのような大路に対して、富小路や石屏《いしべ》小路、花見小路など小路と呼ばれる細い道がいくつも走っている。図子という呼び方もあり、膏薬《こうやく》図子、撞木《しゅもく》図子などという不思議な図子もある。図子と路地の違いは厳密にはわからないが、路地（京都人は「ろーじ」と発音する）には行き止まりの気配が強く、行き止まりでなく突き抜けたものを、図子あるいは突き抜けと呼ぶ。そう言えば、天使突抜《てんしつきぬけ》などという不思議な地名も実際に残っている。

消化管は口から肛門までが大路だとすると、小路、図子などもあり、虫垂のように袋小路になった路地まであるわけである。

消化管の付属器官として、肝臓、胆嚢、膵臓などがある。これらは主として種々の消化酵素を含んだ消化液を分泌する臓器である。肝臓では1日に600㎖ほどの胆汁を分泌するが、これは一時的に胆嚢に貯められる。胆汁は次に総胆管という管を通って十二指腸に分泌される。

膵臓は、アミラーゼ、リパーゼ、トリプシンなどの消化酵素を含む膵液を分泌し、また血糖値を上げるグルカゴン、血糖値を下げるインスリンなどを分泌する器官である。グルカゴンやインスリンは、ランゲルハンス島という素敵な名前を持った、きわめて小さな組織から血中に分泌される。

血中に分泌される場合を内分泌と呼び、一方、消化酵素のように十二指腸などへと放出される場合を外分泌と呼ぶ。実はここでも厳密に内部、外部の区別がなされているわけであり、やはり消化管の内側は純然たる外部なのである。それに対して血管の内側は、内部と考えられる。

胆嚢からの総胆管が十二指腸に開く部位には、膵臓からの膵管が合流し、それぞれ胆汁および膵液が、十二指腸乳頭と呼ばれる開口部から十二指腸に放出される（【図３】）。これもまたなんともやっつけ仕事の溶接作業のようで、いかにも〈配管〉というつなぎ方だが、この図を見ても膵管や胆管の内側は、十二指腸（消化管）の内側と同様、トポロジー的にはひと続きの、ヒトの外部である。

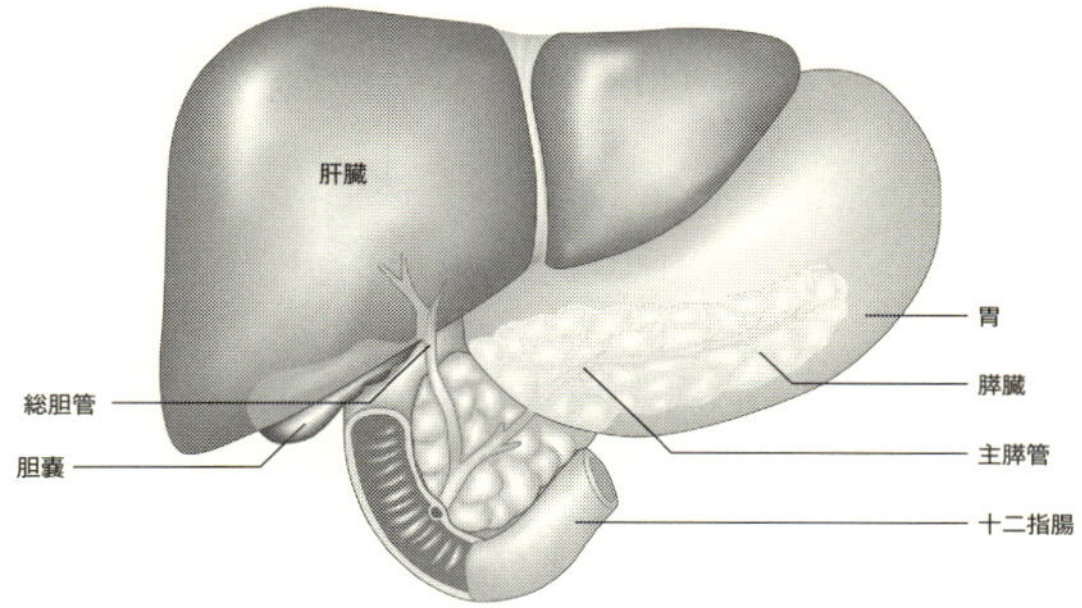

【図３】 胆管、膵管から十二指腸へ

ちょっとくどいが、もう一つだけ例をあげておきたい。ヒトの内なる外部は、消化管だけに限ったものではない。

呼吸器を見てみよう。鼻および口から入った空気は、咽頭から気管を通り、やがて心臓の裏側あたりで二股に分かれた気管支に入る。肺に入った気管支は、枝分かれを20〜30回も繰りかえし、最終的には細気管支が、肺胞と呼ばれる小さな袋に到達する。この肺胞という微細な場で、気管支から血管へ酸素が渡され、逆に血管から気管支へ二酸化炭素が放出されるのである。これが呼吸である。従って、ここでも気管支の内側は、鼻腔から連続した外部であることは説明するまでもないだろう。発生学的には、気管支も消化管の一部から枝分かれした管である。

見てきたように、ヒトの内部には、口から肛門へいたるひと連なりの外部が存在する。そのような外部から外部へ抜ける管のほかに、外部から入って、行き止まりになっている管も存在する。いずれもトポロジー的には、内なる外部であることには違いがない。

どのようにして内部に外部が形成されるか・消化管の発生

私たちヒトを構成している細胞の数が約60兆個であるとはよく知られた推計であるが、この60兆の細胞も、もとをただせばただ1個の受精卵からできたものである。1個の卵子に対して、数億個の精子が必死の先陣争いを展開し、もっとも早く卵子にたどりついたただ1匹の精子だけが、受精という幸福な瞬間を体験できる。文字通り一番乗りの精子だけに、その遺伝子を卵子に送りこみ、子孫を残す権利と栄誉（？）が与えられる。最初の精子が到達した瞬間に、卵子を取り囲む透明帯という膜が閂《かんぬき》をおろして、二番手以降の精子を素気なくシャットアウトしてしまう。まことに無情な仕組みである。私たちは例外なく、こんな過酷な競争に唯一勝ち残った、たったひと組の精子と卵子の受精によって作られた存在なのである。

毎年、1月10日、西宮えびす神社では開門神事という行事が行われ、テレビで放映される。開門を待っていた男女数千人が、開門と同時に境内に走りだし、２３０メートルほど離れた本殿に誰が一番乗りできるかを競う行事である。これを見るたびに、（まことに罰当たりな連想なのかもしれないが）卵子を目がけて涙ぐましいまでに突進する精子を思い浮かべるのは、たぶん私だけな

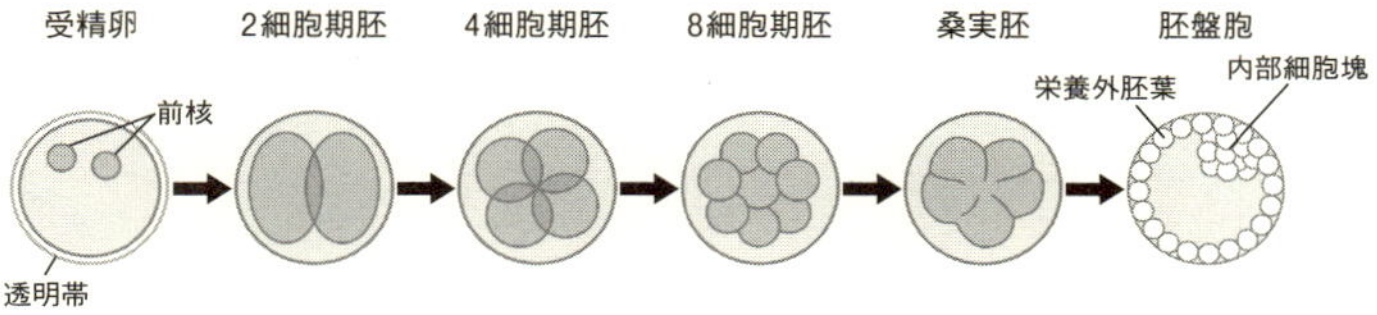

【図４】 受精後の卵割

のだろう。

閑話休題。受精によって成立した受精卵は、活発な分裂を繰りかえし、１個が２個に、２個が４個にと増えてゆく（【図４】）。８細胞期を過ぎると、コンパクション（圧縮）が起こって、細胞間の明確な区別がなくなり、桑実《そうじつ》胚《はい》と呼ばれる細胞塊を形成する。桑実胚とは巧いネーミングであるが、まさに、桑の実のように見える胚ということである。

やがて内部に空洞を持った胚盤胞を作る。この時期を胞胚期と呼ぶ。ヒトの胚盤胞では、内部細胞塊と呼ばれる細胞の塊が見られ、よく話題になるＥＳ細胞（胚性幹細胞）はこの部分を分離して特殊な条件のもとで培養したものである。ＥＳ細胞は、私たちの身体を作っているすべての細胞が作りだされる、まさに幹となる細胞なのである。内部細胞塊を取り囲むように、細胞がシート状に並び、これは栄養外胚葉と呼ばれて、胎盤を作るもとになる。

このあとの過程はずいぶん複雑になり、また私の専門ではないので、ここではどのようにして消化管ができるのか、それを概念的に理解することにしよう。二つの代表的な生物として、ウニと哺乳類を例にとることにする。

ウニでは胞胚期と呼ばれる、外胚葉細胞がボールのように並んだ時期を過ぎると、一部の細胞に陥入が起こる。軟式テニスのボールを考えて欲しい。

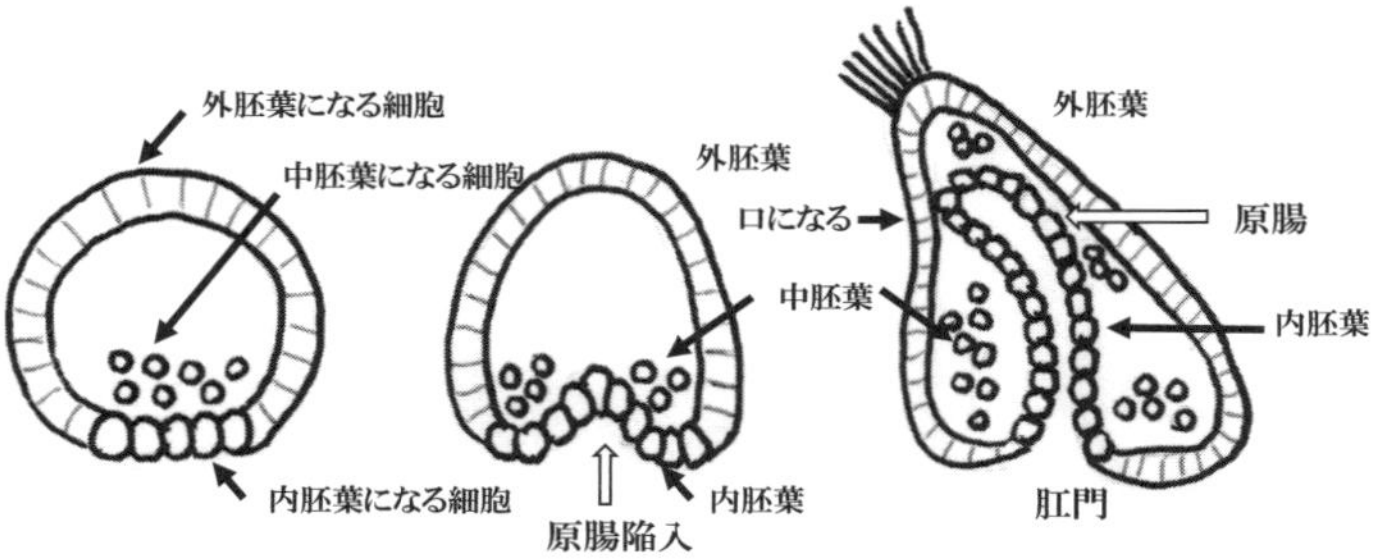

【図５】 ウニの消化管形成

やわらかであり、指を入れてみるとどこまでもくぼんでゆく。どんどん指を深く入れて、反対側まで突き抜けさせたものが、ウニの消化管である。突き抜けた方が口、陥入を始めた部位が肛門となる。この方式を陥入型と言っておこう（【図５】）。

一方で哺乳類の場合は、消化管ができる前に、外胚葉、中胚葉、内胚葉が【図６】のように配置された構造を作っている。この内胚葉の両端が下降して、その両端がやがて大きな円を作るように互いに融合することによって、管腔構造ができる。この管が両側に伸びてゆき、口から肛門までの管になる。ウニの陥入型に対して、こちらは包み込み型とでも言えようか。

ウニと哺乳類では、消化管のでき方に違いがあるが、最終的には管の両端は外胚葉の細胞層を突き破って外へ開口するのであり、消化管の内側が直接外部へつながっていることは間違いない。

外部から内部へ・栄養の吸収

述べてきたように、口から肛門にいたる消化管は、われわれ生体の内部に、一筋の外部を構築している。トンネルの中を通っていても、それが決して山の内部でないのと同様、どのような食物も栄養も、ただ外部としての消化管を通り抜けていくだけである。これではいくら栄養価の高いものを食べても、なんの得にもならないではないか。

食物に含まれるさまざまな栄養素は、消化管を通り抜けていくあいだに、何度も分解を受けながら、やがて腸管から吸収されてゆく。この「吸収」という過程があって初めて食物摂取は意味を持つのである。ここで言う栄養素の吸収というプロセスこそが、まさに外部から内部への物質の移行なのである。

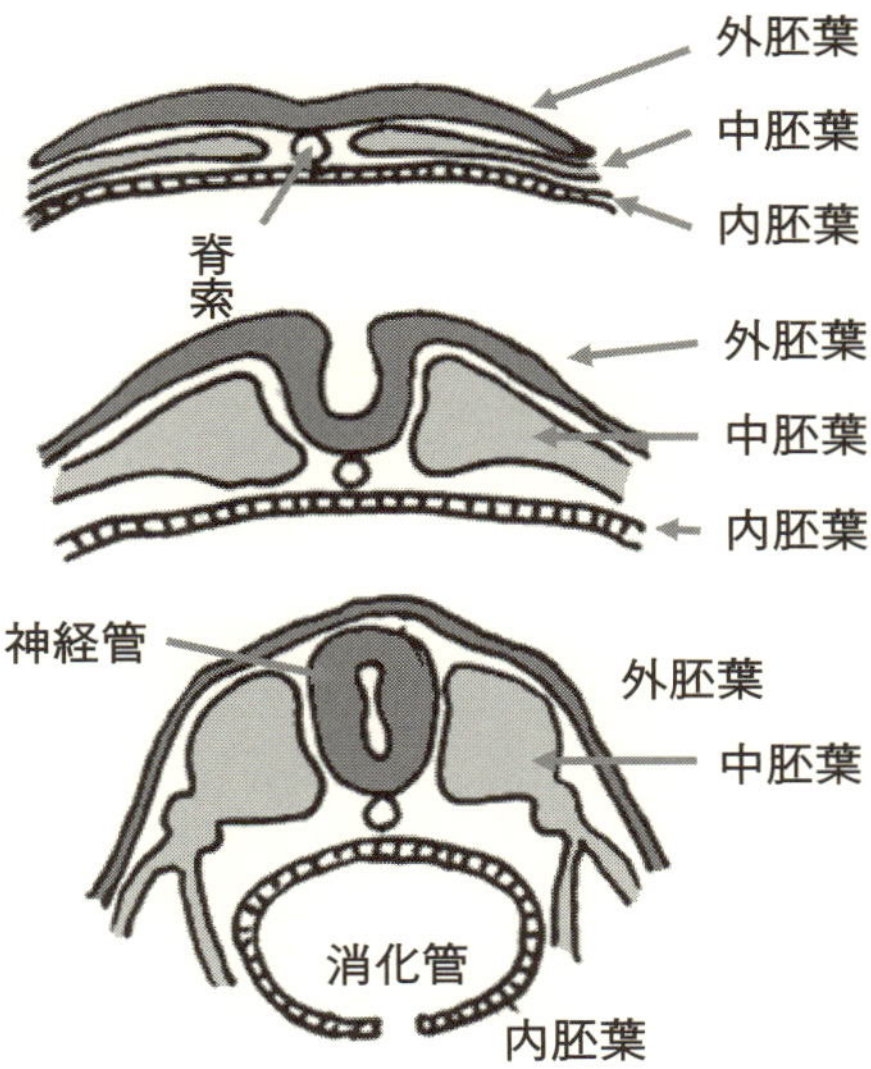

【図6】 ヒトの消化管形成

それでは物質は、どのように消化管の壁を通り抜けるのだろうか。口腔から肛門まで、消化管の内側の壁は、上皮細胞という細胞がびっしり隙間なく並んだシートからできている。銭湯などに行くと、浴槽も洗い場もタイルがびっしり張り巡らされているのを目にするが、きわめて小さな、しかも伸縮自在の細胞というタイルが、隙間なく張り巡らされているのが、食道や胃、腸も含めて消化管の内側の壁なのである。

後に述べることになるが、上皮細胞と上皮細胞との接触面は、文字通り水も漏らさぬしっかりとした密着性を持っている。食べ物から分解された栄養成分がいかに小さくなろうとも、それがそのまま上皮細胞の隙間を通り抜けることは難しいのである。

しかし、この区画をなんとか通り抜けなければ、栄養素は私たちの内部に到達できず、命をつなぐことはできない。食べ物を小さく砕いてアミノ酸などの分子にしたあと、それら栄養素は細胞と細胞の隙間を潜り抜けるのではなく、上皮細胞の細胞膜を堂々と潜り抜けるのである。腸管を作っている細胞のタイル張りでは、タイル（細胞）とタイルの間は、何ものも漏らさないような厳密なシールが施されていて、何ものもそこを通り抜けることはできないが、その代わり、栄養素は細胞というタイルそのものを通り抜けるようにして、内部へ取り込まれるのである。これは後の章で説明することになるだろう。

（注1）ついでに言えば、ヒトはトポロジー的にはドーナツと同じだと言うこともできる。普通ならヒトの中に一続きの外部を抱え込んでいるというイメージでいいが、口腔から肛門に至る外部を逆に拡大させて、伸ばしてみれば、実体としての肉体のほうは縮んで、一続きのドーナツになってしまうのである。

第2章　生命の基本単位としての細胞

地球15周分のあなたの細胞

生命の基本単位が細胞であることは、小学校の子供でも知っている。先に述べたようにわれわれヒトは約60兆個の細胞から成っているとされてきた。ちょっと想像しがたい数である。

哺乳類の1個の細胞の大きさは、約10～20ミクロンである。1ミクロンは1ミリの1000分の1。もちろんこれはおおまかな平均であり、赤血球のようにもっと小さく6ミクロン程度の細胞もあれば、ある種の神経細胞のように1メートルにもおよぶ細胞もある。平均10ミクロンとして、それではあなたの持っている細胞を全部一列に並べたとしたら、どれくらいの長さになるだろうか。

簡単な掛け算である。答えは60万キロメートル。地球一周が4万キロメートルであることは誰もが知っている。私たち一人の人間は、実に地球を15周もするだけの細胞を抱えているのである。

なんの生産的なこともせず、ただのうのうと大きくなってきただけのように思っていても、私たちはひとりひとりが、自分だけの力（？）で、地球15周分もの細胞を作り出してきたのである。20年でこれだけの距離を歩けと言われても無理だが、誰ひとり例外なく、これだけの細胞を〈自分で〉作ってきたことは間違いない。大事業であり、偉業である。

生物に限らず、勉強と言うと、このような数字をただ覚えるだけになってしまいやすい。60兆個と覚えても、それだけなら単なる知識にしかすぎないが、その数は実は地球を15周もできる数なのだと実感することは、知識や暗記の数字に肉付けをしてくれることになるだろう。そう言われても、何ら驚きも感動も覚えないと言われれば返す言葉がないが、私は、知識はそのようなある種の感動、ある種の驚きとともに記憶されてこそ、身に付いたものとなるのだと思っている。何か別のもので実感する、その大切さを思うのである。私は大学では細胞生物学、生命科学などの講義を持っているが、私の講義の初めての時間は、だからこの細胞の数の話から入ることが多い。

ヒトの細胞数は60兆個ではなかった？

これまでヒトの全細胞が60兆個であるというのは、世界中の人々の信じるところであった。しかし、考えてみれば、それをどうして算出したのだろう。一時私も興味を持って、調べようとしたことがあったのだが、どうにもその出典、あるいは根拠となる算出方法にたどり着くことができなかった。

算出の根拠はおそらく単純なことなのだろう。例えば、私たちの体重を、細胞1個の重さで割ればおおよその数は出るだろうというもの。細胞1個は1ナノグラムという算定があるから、60キログラムの成人なら60兆個だろうというわけである。同じような割り算ながら、私たち成人一個体の体積を細胞1個の体積で割り算をするという方法も考えられるかもしれない。

なんとなく、これで総細胞数の見当がつきそうであるが、実際の身体の解剖学を少しでも学べば、そんな単純な方法では太刀打ちできないことがすぐにわかる。一例だけあげれば、私たちの身体では結合組織[注2]と呼ばれる組織が相当な割合を占めている。骨や脂肪組織なども結合組織の一例であるが、これらの組織にはコラーゲンなど（これらは細胞の外にある成分ということで細胞外マトリックスと呼ばれる）が多量に含まれ、そこに含まれている細胞の割合は低いのである。重さで割り算をする場合も、体積で割り算をする場合も、生体がすべて細胞だけでできていると仮定すれば比較的正しい答えを導き出すことができるが、空洞があったり、細胞の少ない結合組織があったりする実際の生体では、きわめてあいまいな数しか与えないだろうということはすぐにわかる。

にもかかわらず、長いあいだ、世界的にも成人のヒトの全細胞数は約60兆個というのが定着していた。実際に一つ一つ数えることができないのだから、まあ仕方がないと言わねばならない。ところが2013年、突然、思い出したように、ヒトの全細胞数に関する論文が発表された。イタリア、ボローニア大学を中心としたチームの研究であったが、彼らはまずこれまでに発表されてきた膨大な論文を当たり、20近い組織について、その組織の体積と細胞の大きさが特定できるものを抽出していった。何しろ、過去２００年間に発表された論文を対象にしたというから、ほとんどモノマニアの世界である。そうして写真やスケールバーなどがあり、データが信頼できるものについて、組織ごとに細胞の大きさと組織の大きさの比から、各組織に含まれる細胞数を算定したというのである。そしてたどり着いた結論が、ヒト成人の総細胞数は、約37兆個。

これに驚くか、なんだそれくらいの違いなのかと失望するか、その個人差は大きいだろうと私は思っている。私は驚いた方であるが、なんだたいして変わらないじゃないかという反応だってあるだろう。「60兆と37兆、それがわかったからと言って、どんな得があるの？」なんていう反応がいちばん多いのかもしれない。

しかし、私はこの論文はある意味で快挙だと思っているのである。60兆個が37兆個になったところで、それで得をする人間などまずは皆無であろう。「何の役にたつの？」という質問と同じである。それによってサイエンスの世界で今後画期的な展開があるのかと問われると、にわかにイエスとも言えない。そんな類の情報である。

しかし、みんながただ漠然と信じてきた「ヒトの総細胞数」が、あいまいな算定によってのみ出されてきた数であることに我慢ができなくなり、どうしても正確な数に近づきたいという思いから、ほとんど役に立たない研究に着手したこの研究チームの、損得を越えて自然の本当の姿に近づきたいという思い、それこそがサイエンスの駆動力（モーティヴ・フォース）でなくて何であろうと、私は思う。そう、科学者、サイエンティストは、それが役に立とうが立つまいが、そこに本当のものがあれば、とりあえずその「真の姿」を見たいと願う者なのである。

わが国の科学技術政策が、ともすれば役に立つか否か、それもすぐに役に立つかどうかを判断の基準にしがちな方向にシフトしつつある傾向に、私は危惧を感じるものである。その風潮を憂うるとともに、それとはまったく正反対のサイエンスのたたずまいとして、この論文を紹介しておきたい気がするのだ。もちろんまだこれで37兆個が確定したというものではないので、本書では60兆個という数を採用しておく。著者らも論文中で言っているように、まだ改訂される要素はいくらも残っている。日々更新される情報、それもまたサイエンスの大切な要素であり魅力でもあるのである。

細胞の発見

私たちが「細胞」と呼んでいるこの小さな袋を最初に観察したのは、ロバート・フックである。フックは17世紀にイギリスに生れた科学者であり、建築家でもあった。

フックの業績は多岐に渡っており、現在ならそのどれもにノーベル賞が与えられそうなものばかり。物理学では「フックの法則[注3]」と呼ばれる弾性に関する法則を見つけたことで有名であろう。また初めてぜんまい時計を作ったことでも知られる。特許を取らなかったことで巨万の富を得ることができなかったことを悔いたとも言われている。

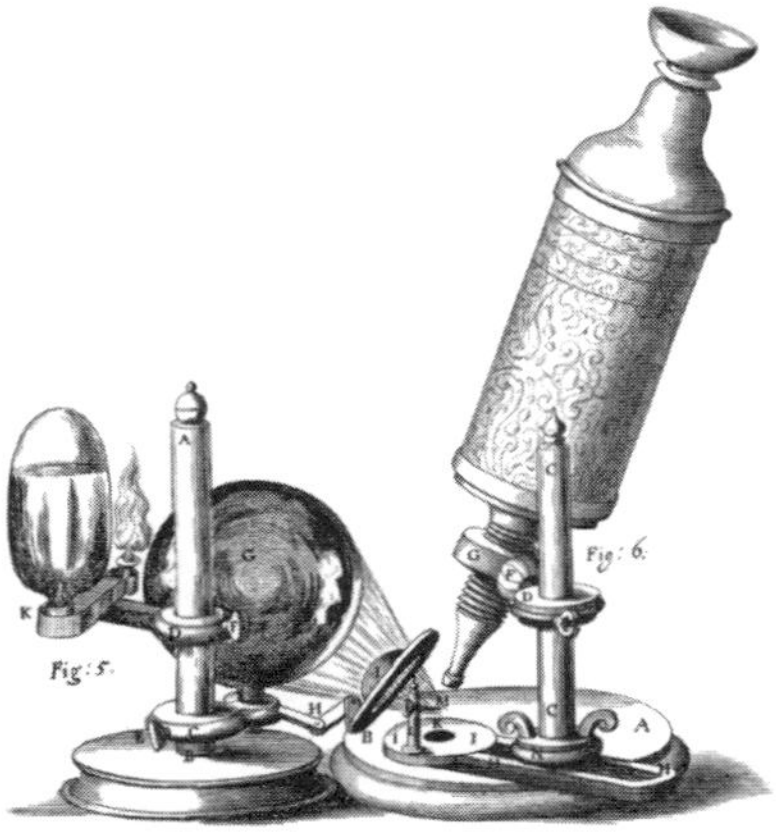

【図７】　フックが考案した顕微鏡

そのようなさまざまの発見や発明をしたフックであったが、ここではフックの最大の功績として、細胞の発見をあげておきたい。

１６６０年代の初頭、フックは自らが考案した顕微鏡（【図７】）を使って、植物やさまざまの昆虫などを観察し、１６６５年『ミクログラフィア（顕微鏡図譜）』として発表した。

シラミやノミ、昆虫やカビ、苔などのほか、水晶や針の先といった無機物まで、詳細な観察とそのスケッチを載せている。新しいおもちゃを与えられて楽しくて仕方がなく、見られるものはなんでも観察してやろうといった感じさえするが、とにかく身のまわりにある小さなもの、これまで見えなかったものを手当たり次第に観察しては、記録（写生）しているのである。フックの心躍りそのものが『ミクログラフィア』からは強く感じられる。しかもその写生たるや、驚くほどに精密であり、ノミの精緻なリトグラフなどは、ほとんど芸術作品としての感動をおぼえるほどである。

なかでも歴史的にもっとも重要なものは、コルクのスケッチであろう。コルクはコルクガシの樹皮の内側に作られる組織であり、植物を衝撃などから保護しているが、彼はこの組織を顕微鏡下に観察し、【図8下】のようなスケッチを残した。そして、植物体が、この小さな区画からなっていると結論したのである。この小さな区画を、小部屋という意味の"cell"と呼んだ。修道士が住んでいる房（セル）を連想したのであったらしい。

フックはさらにcellの大きさも見積もっている。1インチの長さにcellが1100個程度並んでいるとした。そのことから1個の長さは25ミクロン程度と見積もられる。植物細胞の大きさとしてほぼ妥当な値である。

フックの観察したのは、コルクであり、植物細胞のまわりにある細胞壁を観察したことになる。死んだ細胞の残骸を見ていたことになるが、ここで提出されたcellという概念は大きな意味を持つことになった。

因みに、"cell"に、現在私たちが使っている「細胞」という日本語名を与えたのは、江戸時代の学者、宇田《うだ》川《がわ》榕菴《ようあん》であった。榕菴は津山藩の藩医であったが、幕府のお抱えとなってからはオランダを通じてもたらされる西洋の科学書の翻訳を多く手掛けた。『菩《ぼ》多《た》尼《に》訶経《かきょう》』は、植物学を意味するラテン語"Botanica"に、文章を経文になぞらえた「経」をつけたものであり、『舎密《せいみ》開宗《かいそう》』の舎密は、化学を意味するオランダ語"Chemie"の音訳である。ちなみに「舎密」は明治になっても用いら

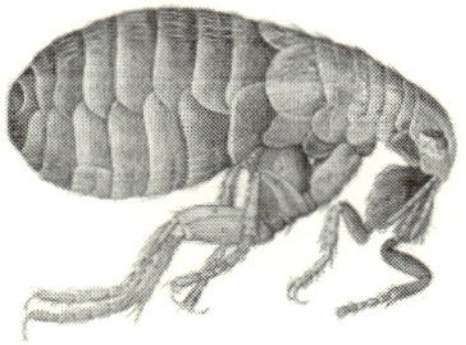

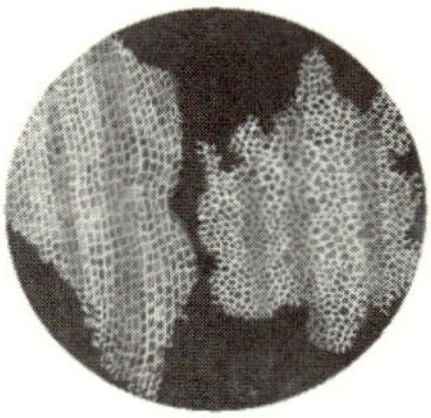

【図8】 フックの描いたノミ（上）とコルク（下）

れており、大阪に開かれた舎密局は、後の第三高等学校（現京都大学）の前身ともなった。
宇田川榕菴は、これらの翻訳書出版に際し、それまで訳語のなかったさまざまの学術用語に日本語を当てはめた。榕菴の造語には、酸素、水素、窒素、炭素などの元素名、酸化、還元、溶解、分析などの化学用語など、現在でも使われているものが多く、日本における近代科学の源流としての榕菴の業績を偲ばせる。

これらももちろんだが、私には何より「細胞」という訳の卓抜さが驚きである。小さな袋の意である。もともとが修道院の独居房を意味したcellが、小さな袋として「細胞」という名を得たとき、本当の意味で、はじめて近代科学、あるいは近代生物学がわが国に輸入されたのではないかと思うのである。しかも現在の眼から見ると、「セル」よりは「細胞」のほうが、その実体をよりリアルに表現したネーミングだと私には感じられる。部屋と言えば、がっちりした骨組みのもとに形の変わらない構造を想像するが、実際の細胞は、さまざまに変形し、運動をするのである。「小さな袋」という意味の細胞のほうが、はるかにその実体を映している。他の多くの化学用語を見ても、榕菴の言語センスの卓抜さに驚かざるを得ない。

言葉は、対象を分節化する作用を持っている。他のものから対象とする一つのものを区別するのであるが、それを指し示す適当な言葉を持たなければ、対象の存在さえ、多くの人が気づかないものである。フックが"cell"と名づけ、榕菴がそれを「細胞」という新しい言葉に置きかえたとき、細胞という〈もの〉の存在とともに、その〈概念〉の存在が人びとに認知された。近代生物学、なかんずく細胞生物学が学問として幕を開いたときでもあった。

細胞は細胞から

ロバート・フックによって細胞は発見されたが、それが現在のように、すべての生物は細胞からできているという概念（これを細胞説という）として確立するには、かなりの時間が必要であった。特に「すべての生物の構造的・機能的最小単位は細胞である」という現在のような認識が確立するまでには、長い時間を必要とした。

【写真1】 植物学者マティアス・シュライデン

【写真2】 動物生理学者テオドール・シュワン

細胞説が初めて提唱されたのは1838年にドイツの植物学者マティアス・シュライデン（【写真1】）が植物について、そしてその翌年1839年に同じくドイツの動物生理学者テオドール・シュワン（【写真2】）が動物について、それらの個体を形作っているのは、いずれも細胞という基本単位であるという概念を発表したことによる。

いまとなっては、植物でも動物でも細胞が生命の基本単位であるということは、小学生でも知っているが、顕微鏡もまだ十分な性能を持っていなかった当時、さまざまに形や大きさの違う部屋（cell）を見て、それらが同じ性質を備えたものであり、それらを積み重ね、組み合わせて、ひとつの個体ができていると喝破したのは、たいへんな炯眼であったと言うべきだろう。

観察対象から、まだ存在しない〈概念〉を導き出すのは、思うほどに簡単ではない。概念は常に対象の内部に溶け込んでいる。対象を思い込みや予断なしに虚心坦懐に見ることは、自然観察において何より大切な態度であるが、一方で、対象から何か共通する性質を抽象しようとする強い意志なくしては、概念としての新しい発見は決して生れない。ただ観察していればいいというものではないのである。

生命の本質を提示する細胞説という大きな仮説が、植物と動物で、ほぼ同時に提唱されたことは驚きである。偶然の一致にしてはできすぎている。しかし、これには有名なエピソードがあり、その前年1837年に実はこの二人は会っており、昼食を共にしつつ、意見の交換をおこなっていたらしい。つまり植物でも動物でも、細胞が基本になっているらしいということを互いに確認し、その話し合いに自信を深めて、発表したらしいのである。

それにしては発表年が違っているのがちょっと気になる。プライオリティにこだわるという研究者のしがない性である。歴史的に大きな発見であり、現在では二人を対等に評価しているが、これに類する些細なプライオリティ争奪戦は、もちろん現在でも、研究の最前線では普通のことである。

シュワン、シュライデンによるこの細胞説の提唱は、「動物の生命」「植物の生命」という個別の概念が、別々のものではなく、実は同じものなのだという認識を示した点でも大きな意味を持っていた。

動物のように移動し、子供を生むという生命体と、動くこともなく、種子や地下茎などによって次々と子孫を残していく植物。それらに共通の基本単位があるということを提示したのである。「細胞」という共通項を提示することによって、「動物の」「植物の」という限定を外して、「生命」そのものを研究、探究の対象とすることができるようになったのだとも言えよう。

細胞説の次なる展開は、ドイツの病理学者ルドルフ・ウィルヒョー（【写真3】）によってもたらされた。ウィルヒョーもいくつもの分野にまたがる巨人であり、病理学の他、先史学者でもあり、後には政治家として力をふるった。(注4) 病気というものは、細胞の質的・量的変化に基づいて発生するものだという「細胞病理学」の概念は、ウィルヒョーによって確立されたと言っていい。そのことから「近代病理学の父」とも呼ばれている。

【写真3】 病理学者ルドルフ・ウィルヒョー

ウィルヒョーは白血病の発見者としても知られている。彼は患者の血液の色に注目し、正常人の血液には赤い小体（赤血球）が多いのに対して、患者では赤い小体と白い小体の比率が逆転していることから、それが病気の原因であると考えた。細胞病理学の考え方である。彼の用いた「白い血液」という呼称から、後に「白血病」という病名が確立した。因みにウィルヒヨーのもとには、明治の日本から山極《やまぎわ》勝三郎が留学し、後にウサギの耳にタールを塗布し、世界ではじめて実験的化学発癌に成功したことで知られている。

さて、ウィルヒョーは、細胞が細胞からのみ生みだされることを初めて明確に示した功績が大きい。それは"Omnis cellula e cellula"（細胞は細胞から）という端的なラテン語によって知られることとなった。

ここに到って、ようやく現在の細胞生物学の基本概念が確立したことになる。すなわち、

1. すべての生物は細胞という基本単位の単独あるいは集合体からなっている
2. 細胞はすでに存在する細胞からのみ生成する
3. 個々の細胞そのものが生命の基本単位として自律的に生命活動を行い得る

というのが、その要約である。

この意味で、シュワン、シュライデン、そしてウィルヒョーの三人は近代細胞学の直接の源流であると言ってもいいだろう。

因みに、「細胞学」と「細胞生物学」では若干ニュアンスが違っている。細胞学がより観察に依拠している記述の学問であるのに対し、細胞生物学では細胞を基礎とし、生化学、分子生物学の手法を導入した実験生物学の色彩が強くなる。現在では「細胞学」として用いられることはほ

とんどなく、「細胞生物学」が普通である。私自身も細胞生物学者ということになっている。

生命の三要素

「細胞は細胞から」(Omnis cellula e cellula) は、もちろん現在の細胞生物学の知識からは疑うべくもない概念であるが、この華やかな箴言風の原則には、ひとつの矛盾が抱え込まれている。その前提としているものは先にも述べたように、「細胞はすでに存在する細胞からのみ生成する」というものである。すぐに、それでは最初の細胞は、どこでどう生れたのかという疑問が出るはずである。最初の細胞には、「すでに存在する細胞」はなかったはずではないか。

最初の細胞、それが実際にどのようなものであったのかは、まだ誰も知らない。しかし、それがどのような要素を備えたものであったのか、については、想像することができる。生命が生命であるための最低限の条件を備えていたはずなのである。

それは何か。いくつかの考え方があるが、私がもっとも妥当と考えている、生命の最低限の条件とは、次の三つの要素である。すなわち、

1. 外界から区別された単位であること
2. 自己複製し、子孫を残せること
3. 代謝活動を行っていること

である。多くの研究者は多少の違いはあっても、これに類した条件を生命の必要条件と考えているだろう。

この三要素のどれを欠いても、生物学的な意味では、それを生命とは言い得ない。ただし、項目2で言う子孫を残せることという言い方は、たとえば雄のロバと雌のウマをかけ合わせたラバは不妊である。従って子孫を残せないが、ラバはまぎれもなく生命体ではないかという類の〈子孫〉とは違っている。

ここで生命として扱うものは、細胞レベルの生命と考えておこう。上記の三要素は、従って生命としての細胞の三要素と考えてもいい。

項目1については、すでに述べてきたところでもあるが、自他を画する境界のない生命は（オカルトやSF映画を除いては）現実には存在しない。

項目2も考えやすい特徴である。自己複製できないものは、細胞とは言いがたい。分化した神経細胞などは、増殖・複製できないものが多いが、その元の細胞である神経幹《かん》細胞には当然のことながら複製能力が備わっている。幹細胞は、複製して子孫を増やしつつ、一定の割合で分化した神経細胞を作り出す。神経細胞は成熟した機能を持つ替わりに、複製能力のほうを放棄してしまった細胞である。

数学者であるフォン・ノイマンは自己増殖オートマトンを考えた。計算理論であったが、現在ではコンピュータ上でそれを実現することが可能になっている。私は専門外でよくわからないが、コンピュータ画面上で、次々と増殖していく図形を見ていると、生命でなくとも自己増殖は可能なのだと思わされる。しかし、これは生命のシミュレーションとはなり得ても、生命そのものとは言えないだろう。そこには外部から何かを取りこんで、内部で別のものに変換し、それを自己の生存に活かそうとする機構がない。項目3の代謝活動が存在しないのである。

自己増殖、代謝ともに重要であるが、おそらく生命誕生のもっとも初期に実現したものは、何らかの機構で、ある〈区画〉が生じたということであっただろう。地球上の生命ということで言えば、原始地球の環境のなかで、外部からある一定領域が区別されること、区画化が生命の初めだったはずなのである。項目1である。

生命は、まず外部から区画化されるところから始まった。生命活動に必要な化学反応は、区画化がなくても起こり得るものだが、それは反応ではあっても、生命を維持するための反応とはなっていない。外部から隔離されるということは、生命維持に関わる種々の化学反応を効率的に、かつ合目的的に行うことができるということでもある。その化学反応が代謝ということであるが、反応が起こるためには、反応を起こす分子同士が近接あるいは結合しなければ、反応として成立しない。区画化は、そのような反応物質の濃度を高めることによって、反応の効率化に寄与するはずである。

原始地球・無機物から有機物が

地球が生まれたのは、今から約45億〜46億年前とされている。この頃の原始地球は、地球全体が溶岩のようにどろどろに溶けた状態であった。それがやがて1億年ほどかけて徐々に冷え、地殻が形成される。地球マントルに由来する溶岩がグリーンランドなどで発見されているが、これは45億年ほど前のものであるらしい。この頃の原始大気には、水蒸気や窒素、アンモニアなども含まれていたと考えられるが、二酸化炭素が大半を占めていた。もちろん酸素はまだほとんど存在しない。

このような原始地球に生命が誕生するためには、生命の構成要素となる有機化合物（有機物とも言う）が存在しなければならない。有機化合物とは、炭素（C）を含む化合物の総称である。Cを含むと言っても、二酸化炭素、一酸化炭素、炭酸塩などのような単純な化合物は、慣例的に有機化合物とは言わない。

生物を作っている主要な高分子、核酸、タンパク質、脂質、どれを取ってみても、炭素はその主要成分であり、これらはもちろんすべて有機化合物である。原始地球には有機化合物は存在しなかった。原始地球で、どうして有機化合物ができたのか。二酸化炭素や窒素、アンモニアなどといった無機物から合成されたのか、それとも隕石などによって、他の惑星や宇宙からもたらされたものなのか。

これにヒントを与えたのが、１９５０年代にシカゴ大学の大学院生だったスタンレー・ミラーが行った実験であった。ミラーは、原始地球に存在していたと考えられる大気の成分、水素、水、アンモニア、メタンなどをフラスコのなかに入れ、熱を加えて蒸気とし、その蒸気に1週間、放電を加え続けたのである。原始地球では稲妻や落雷が常に起こっていたと考えられるが、その状態をフラスコのなかに作り出したのである。(注5)

単純な発想である。原始地球で何が起こったのかを見たければ、原始地球の環境を再現してやればいい。まことにその通りなのだが、実際にちらりとそのようなことを思っても、それをそのまま実行するということとは別である。あまりにも直截的な発想であり、単純であるがゆえに、往々にして、実際はそんな単純なものであるはずがないとか、もっとさまざまの条件を考慮しなければ意味のある結果は得られないだろうとか、そのなかでどんな反応が起こるかわからないものを、後で解析することが難しすぎるとか、さまざまな理由をつけて、実行を思いとどまるものである。なにしろ、いかに単純な実験といえども、計画から結果を得るまでには数か月の時間を要するのである。誰しも確実に結果が得られる「堅い」実験だけをやろうとする。おそらくミラーがまだ大学院の学生であったことが、この思い切った発想を即実行に移す原動力になったのだろうと思われる。若い感性と実行力である。

そして、その結果思わぬ反応物を得ることになった。1週間の、何やらよくわからない反応の結果、反応液中には、アラニンとグリシンというアミノ酸が、他の物質とともに作られていたのである。言うまでもなくアラニンやグリシンなどのアミノ酸は、私たちのもっとも大切な高分子化合物であるタンパク質の構成成分。アミノ酸だけでなく、条件を変えれば、アデニン、シトシン、グアニン、チミン、ウラシルなどといったDNAやRNAなどの核酸（遺伝子の本体は核酸である）の構成成分まで、あっけなくできてしまった。

これは「ミラーの実験」、あるいはミラーの当時の師であったハロルド・ユーリーの研究室で行われたことから「ユーリー・ミラーの実験」とも呼ばれる。

私は、この「ユーリー・ミラーの実験」の記事を、小学生のころ、『リーダーズ・ダイジェスト』という雑誌で読んだ記憶がある。もちろん日本語版である。わが家は科学的な教養などほとんどゼロに近い家であったが、なぜそんな気のきいた雑誌があの当時取られていたのかわからない。わからないが、毎月場違いのように送られてきていたその小冊子が、なおのこと強い記憶として残ったのかもしれない。ほとんどがアメリカからの記事であったような印象が残っている。よくわからないながら、生命の素《もと》が人工的に作れるものなのだという勝手な思い込みに、武者ぶるいするような興奮が走ったのを鮮烈に覚えている。

生命の起源

「ユーリー・ミラーの実験」によって、生命の構成要素は地球に存在できたということだけはあきらかになった。だが、そこからどうして生命が誕生したか、それはまだ誰も知らない。

しかし、今から35億年前の地層には、バクテリアの化石がはっきりと確認されている。生命は、従ってそれより以前に誕生していたことになる。現在では、38億年ほど前に、真正細菌（バクテリア）と古細菌（アーキア）の共通の祖先が生まれたのであろうと考えられている。

現在地球上のすべての細胞は、大きく分けると核を持つ真核細胞と、核を持たない原核細胞に分けられる。最初の生物が細菌、すなわち核を持たない原核生物であったことはおそらく間違いない。真正細菌も古細菌もともに原核細胞である。

さて、原始の海のなかで、なんらかの生命が生まれるためには、まず次の二つの要素が重要であっただろう。一つは、外界から区画されるという点であり、いま一つは、何らかの代謝を行い得るという点である。すでに述べたように、子孫を残せること（あるいは分裂によって増えることができること）は、間違いなく生命の必須の要素であるが、まず成立だけを先に考えるとするならば、この二点がなんらかの手段で確保されなければならない。

この二つの問題にはロシア（旧ソヴィエト連邦）の生化学者アレクサンドル・オパーリンが、かなり早い時期に仮説を提出した。彼の説は『地球上の生命の起原』という成書として出版され、わが国においても大きな影響力を持った。

オパーリンの説は、生命の起源に先んじて、無機物から有機物ができ、有機物の反応によって生命が出現したと考えるものであり、生命の「化学進化説」と呼ばれる。原始地球は、すでに有機物が蓄積したスープ状の状態であったが、このなかで、複雑な高分子有機物の集積したコロイド状の粒子ができたと考える。それらは周囲の媒質から独立し、やがて「コアセルベート」と呼ぶ液滴に生長する。このコアセルベート内では、多くの物質が高濃度に集積し、種々の化学・生物反応が進むと考えられ、コアセルベートは謂わば触媒の場を提供するものでもある。

それだけでなく、コアセルベートはそれ自身、くっついたり離れたり、アメーバのようにある種の分裂や運動の能力をも持っていたと想定された。コアセルベートそれ自体が膜で囲まれているわけではないが、物質の相互作用の結果として膜様の構造が見られることもあるらしい。コアセルベート液滴は、分裂・融合や周囲からの物質の吸収なども行うことから、オパーリンはこれを生命の起源と見なそうとした。これは〈コアセルベート説〉と呼ばれる。その後の研究から、コアセルベートそのものは生命の起源とは考えられないということになったが、生命の成立の要件として、そのような生物化学反応の場があったことは間違いないことだろう。

私は物理学科の学生であったが、１９７０年代初頭の学生時代、これからは生物現象といえども物理的に解明されなければならない、すなわち生物物理こそ生命の本質に迫り得る分野だという掛け声が高くなってきていた。学生時代の私の師、福留秀雄先生も、岩波新書で『素粒子』を出版するなど素粒子論の学者であったが、生命現象に興味を持ち、研究室の大きな部分が生命活動を扱う部屋になっていた。京都大学理学部には私の在学中に、生物物理学教室が創設された。私が物理学科に分属した次の年にできたので、残念ながら私はそこで学ぶことができなかったが、発生生物学の近藤寿人氏や神経生物学の坂野仁氏など、素晴らしい業績を生んだ研究者が、その第一期生であったはずである。

そんな雰囲気の中で、物理学科の学生が集まって、オパーリンの『生命の起原——生命の生成と初期の発展』を読もうということになった。原理は単純なほど美しい、あるいは美しく感じられる。これは今も昔も変わらない人間の感覚であるが、コアセルベートという言葉の響きとともに、生命の根源に触れる思いがしたものだ。

少し先回りして言っておけば、オパーリンが１９５５年、日本生化学会三十年記念祭に招かれて、講演をしたことがあった。その記録が、岩波新書『生命の起原と生化学』としてまとめられている。そのなかに、オパーリン自身の興味深い言葉を拾うことができる。

「生命にとってもっとも特徴的なことは物質代謝であります。すなわち、生物が生きているということは、外界との間に物質およびエネルギーのだしいれをおこなっている間だけのことなのです。」

今から60年前の言葉であるが、生命が「生きている」という状態はどういうことなのかに対する、きわめて正確な認識がこの簡潔な言葉のなかにさりげなく挿入されている。すなわち「外界との間に物質およびエネルギーのだしいれをおこなっている間だけのこと」という部分がそれである。その「だしいれをおこなっている間だけ」が「生きている」という状態なのである。代謝をやめてしまえば、それは個体の死でもあるが、それは即、個々の細胞の死でもある。

もう一つ、オパーリンは「外界との間に」と言っているが、この「外界との間」、すなわち外界と個体の「間」を重視することも同様に生命の本質に関わることなのである。このオパーリンの言葉は、本書で扱おうとしている主題ともそのまま重なるものである。

膜による区画化

さて、そのような高濃度の有機物、タンパク質や核酸の集積する場があったとして、それでは実際にどのように生命の「区画化」は起こったのだろう。一様な有機物のスープの海のなかで、周囲となんらかの区画を持つことが生命誕生には必須であった。水環境のなかで、ある特定の区域のみを選別区画するためには、水に〈不溶性〉の物質で囲う以外にはない。生命はそのような材料として、脂質を採用した。結果的に、これは大正解であった。

本稿では、できるだけ化学式などを使わずに話をしたいと思っているが、ここだけは膜の構成要素としての脂質について、少し詳しく述べておかなければならない。個々の化学式などは覚えていただく必要はまったくないが、膜を構成している化合物はどんなモノなのかについて、説明につきあっていただきたい。

細胞の膜成分である脂質は、一つの分子のなかに水になじみにくい〈疎水性〉の部分と、水になじみやすい〈親水性〉の部分の両方を持った分子である。疎水性の部分は、水にはなじまないが、油成分とは親和性をもち、結合できる。このような疎水性、親水性の両方の性質を持った分子を「両親媒性」と呼ぶ。

両親媒性の性質を持つ分子は界面活性剤としての性質を持っている。界面活性剤などというとむずかしそうだが、石鹸と考えればよい。石鹸や洗剤で洗濯をすると汚れがよく落ちるのは、疎水性部分で（水に溶けない）汚れの油成分と結合し、親水性部分でそれを水になじませる、すなわち溶解させる力があるからである（【図9】）。

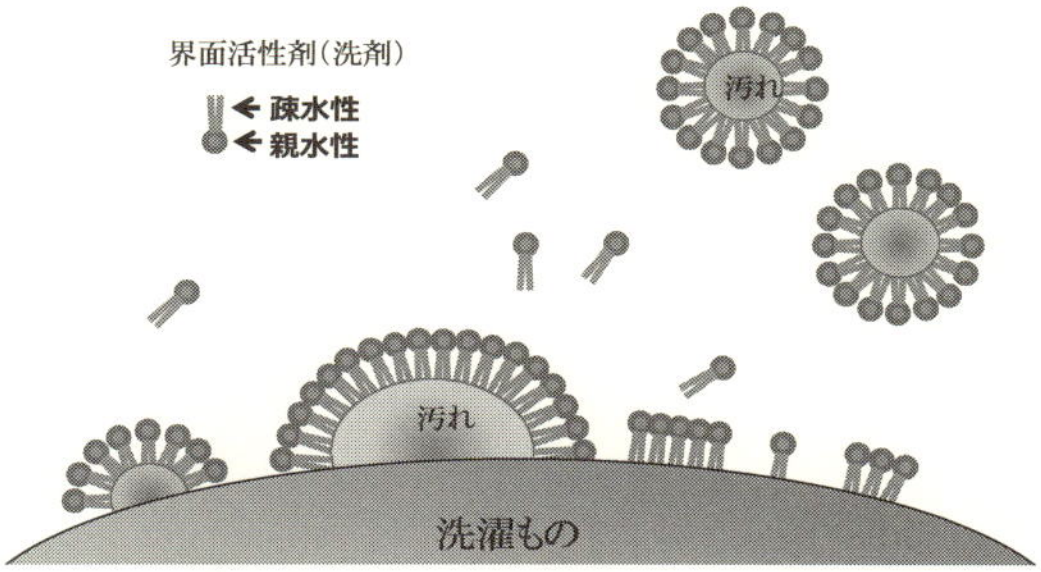

【図9】 界面活性剤（洗剤）による汚れの除去

生体の脂質を構成するのは、多くが脂肪酸であり、脂肪酸とは、長い炭化水素の鎖（CH_2が繋がったもの）の一方の端にカルボキシル基（COOH）を持つ分子を言う（【図10】）。ステアリン酸とかオレイン酸などという名前はどこかで聞いたことがあるかもしれない。どちらも炭素の数が18個からなる脂肪酸である。炭化水素鎖は水になじみにくい疎水性の性質を持っている。いっぽう、カルボキシル基は電荷を持ち、従って極性（電荷の偏り）を持つ。このような極性を持つ分子は水になじみやすく親水性と言われる。一般的に、親水性部分は丸で示し、疎水性部分は線で示すことになっている。

2本の脂肪酸の頭部に、グリセロール（グリセリン）などの親水性分子が結合した分子を脂質と呼ぶ。このような脂質を水

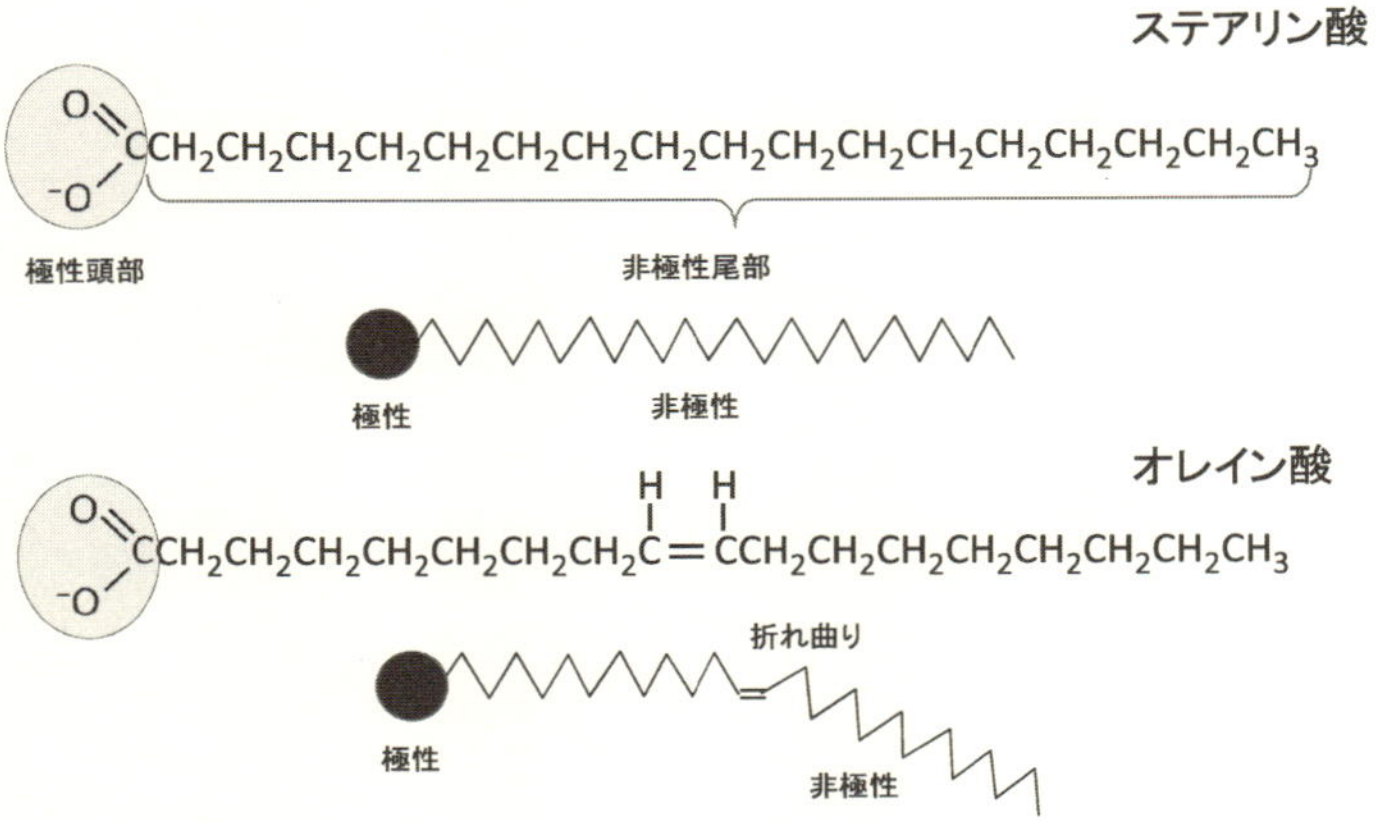

【図10】 炭化水素の鎖の一方にカルボキシル基を持つ脂肪酸

に加えるとどうなるか。尾部は疎水性なのでできるだけ水から遠ざかろうとする。頭部は親水性なので水に近いところに位置しようとする。すると、【図11】のように、頭を下にし、尾を空中に向けて一列に並ぶと、安定的に存在できそうである。油を水に垂らすと、油は水面に浮かんで層を作るが、それはこのような状態をとっている。

この状態の水を勢いよく振ってみよう。やったことがあるだろうか。こうすると油滴が水中に分散した状態を作ることができ、これはミセルと呼ばれて、準安定状態として存在することが可能である。この場合も、ミセルの外側には脂質の頭部が並んで水に接し、内部には疎水性の尾部が配向して水に接しないようになっている。

脂質が水中に存在できる方法は、ミセルだけではない。もっと大量の脂質が存在する場合は、内側に水層を抱え込んだ袋状の存在方法も可能だ。この場合、脂質の膜は二重になっている。二重になった脂質の膜は「脂質二重層」と呼ばれる。細胞膜の場合は、脂質の頭部にあたる部分にリンを含むリン脂質が用いられ、これを「リン脂質二重層」と呼ぶ。親水性の頭部が表面に出て水に接し、水と相性の悪い疎水性の尾部は二重膜の内部にしまい込まれている。頭部は水と接していれば安定し、尾部は水と接していなければ安定する。こうして、脂質二重層として安定した細胞膜を形成するのである。（注6）

細胞膜の何よりのメリットは、外側でも内側でも水と接することができるという点である。水環境の中に自身を存在させ、しかもその内部にも水を抱え込むことができる。細胞の基本要件をこれで満たすことができるわけである。

物理化学実験によって容易に作ることができるこのような脂質の二重膜は、実はそのままわれわれ生物の細胞膜そのものの形なのである。

太古の原始地球において、生命の誕生

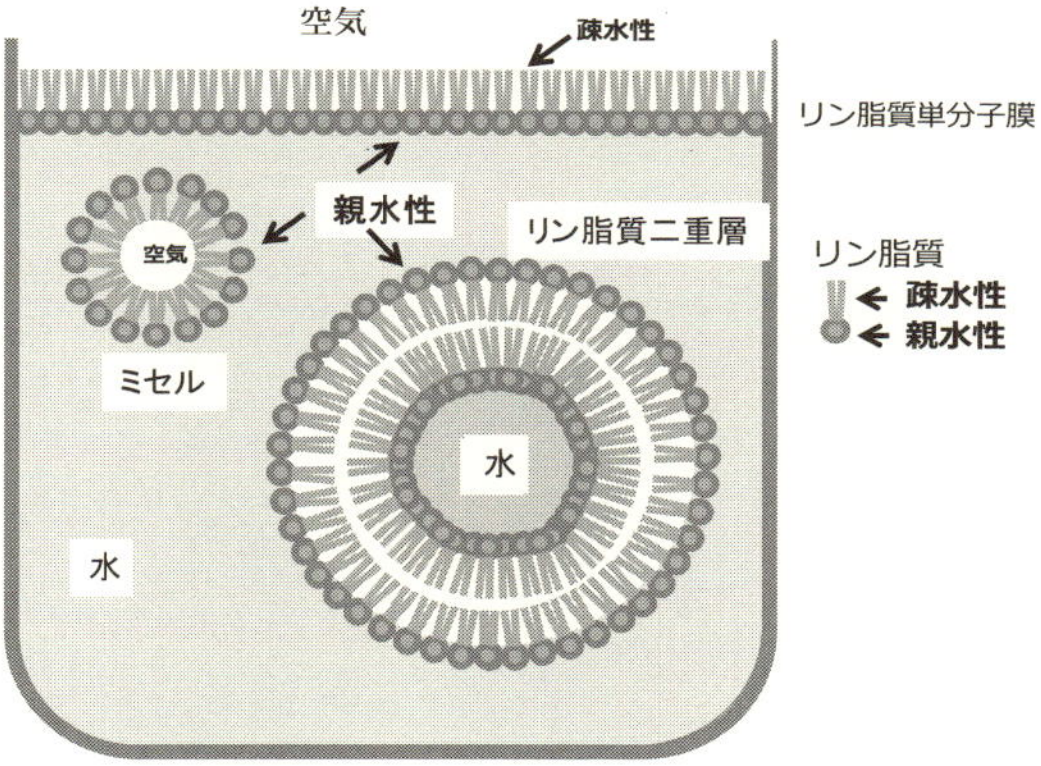

【図11】 リン脂質で膜を作る。
リン脂質は、1．水の表面に親水性部分を下に並べた状態で並ぶ（単分子膜）、
2．疎水性部分で空気を抱えたミセルを作る、
3．二重に並んで、内部に水を抱え込んだ脂質二重層を作る、この三つのどれかの状態を作る。

には、外部からなんらかの機構によって区切られることが必須だと述べたが、実は区画化は、原理としては意外に簡単なのであった。水環境のなかで膜として両親媒性の脂質を採用したのが、成功の鍵であったと言ってもいいだろう。コアセルベート様の高分子複合体と、それを囲みこもうとする脂質の二重膜。原始の海のなかで、それらがめまぐるしく生々流転を繰り返しつつ、ある確率でバクテリアの祖先としての細胞が生まれたのだろうと考えられる。

コレステロールは悪役か?

細胞膜の代表的な構成成分はホスファチジルコリンとコレステロールという脂質である。どちらも親水性の極性部分と、疎水性の非極性部分を持っている。ホスファチジルコリンは長い2本の脂肪酸からなる疎水性(非極性)の尾部と、親水性(極性)の頭部【図12】を持っている。

尾部は炭化水素鎖であるが、ホスファチジルコリンをはじめ、生体膜を構成する脂質は、炭素間に二重結合を持つ不飽和脂肪酸と二重結合を持たない飽和脂肪酸の2本を持っているものが多い。一方で2本ともが飽和脂肪酸のものもあり、実はこの飽和脂肪酸のみを持つ脂質と不飽和脂肪酸を持つ脂質の比率によって膜の流動性が変化する。

【図12左】からわかるように二重結合があると、その部分が折れ曲がる。従って、不飽和脂肪酸があると脂質の並び方に緩みが生じ、隙間があくことによって流動性につながる。不飽和脂肪酸の比率が高いほど、膜は流動的になるのである。全校生徒が朝礼で隙間なく並んでいるところを

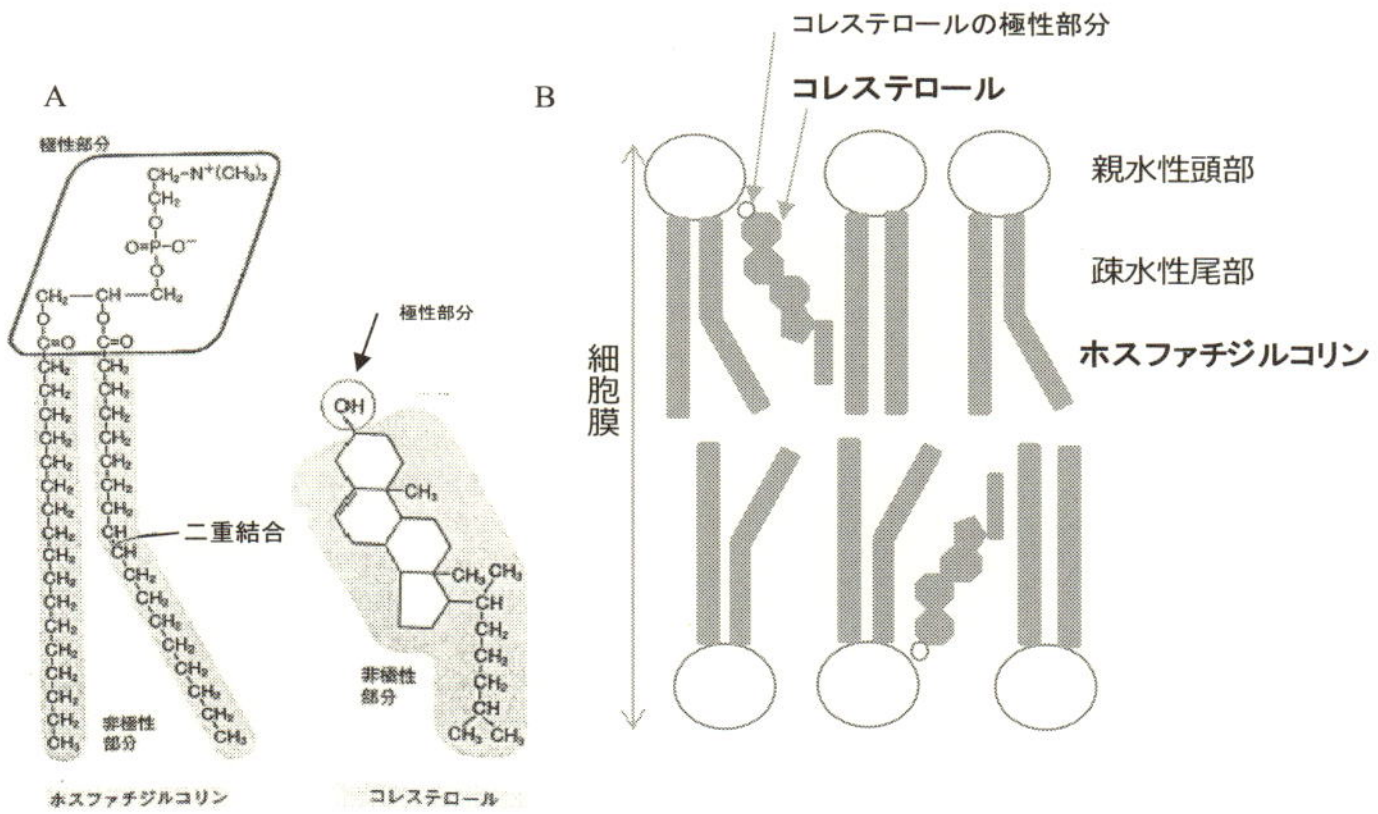

【図12】 ホスファチジルコリンとコレステロールの分子式（左）。二重結合が起こると炭化水素鎖は折れ曲がり、疎水性尾部間に隙間ができる。実際の細胞膜では、ホスファチジルコリンのこの隙間を埋めるようにコレステロールが入り込む（右）。

突っ切るのはむずかしいが、離れ離れに立っている生徒たちのあいだをすり抜けるのは容易である。そんなイメージであろうか。

膜平面上での分子の動きやすさ（流動性）は、生命活動においてきわめて重要であり、たとえば低温で生活する動物では、低温でも流動性を確保するために、不飽和脂肪酸の割合が多いことが知られている。

コレステロールも細胞膜の成分として重要である。コレステロールは、図で六角や五角で表わされるステロール骨格に炭化水素鎖がついたもの。ステロール骨格を持つからコレステロールと呼ばれる。ステロール骨格も炭化水素鎖も疎水性であるが、よく見るとステロール骨格の端っこにさりげなく水酸基（OH）がついていて、この部分が極性を示す。すなわちコレステロールも親水性、疎水性の両方の性質を兼ね備えた両親媒性分子なのである。【図12右】に見られるように、分子の配向からも極性基が水に近い位置に向くように配置していることがわかる。

膜が流動性をもったやわらかいものであるためには、不飽和脂肪酸を持つリン脂質を多く含んでいる必要がある。しかし、不飽和脂肪酸があると炭化水素鎖に歪みが生じ、この部分から水などが漏れる可能性がある。コレステロールはそんな不飽和脂肪酸の歪みの部分に入り込むことによって、水などの漏出、あるいは混入を防いでいる。こんな実に些細な分子の使い方ひとつをとってみても、生命の内部を外部から遮断することがいかに大切なことであるかが実感できるであろう。

細胞膜を構成する脂質の、約25%がコレステロールだと言われているが、コレステロールがなければ、細胞膜を維持することができず、生命は生きてはゆけない。そんな大事なコレステロールであるが、最近、そのイメージはとても悪い。一方的に悪役にされているようである。なぜそうなってしまったのか、コレステロールの悲劇については、後の章（第6章、149ページ）で説明することにしよう。

（注2）組織と組織を結びつけるための接着剤のような組織。線維芽細胞や脂肪細胞が含まれる。線維芽細胞が作り出す、コラーゲンなどの細胞外マトリックスと呼ばれる細胞間物質と、少量の細胞で満たされている。

（注３）１６７８年、英国の物理学者ロバート・フックによって発見された法則で、バネなどの弾性体の伸びは、加わる力が弾性限度以下であれば、その力に比例するというもの。この法則は、１６６０年に発見されていたと言われるが、当初はそれをアナグラムで記述し、78年になってそのアナグラムの答え「伸びとともに、力あり。（力は伸びに比例する）」を発表した。

（注４）ルドルフ・ルートヴィヒ・カール・ウィルヒョー（Rudolf Ludwig Karl Virchow）は政治家としても活躍し、１８５９年以降、ベルリン市議会を初めドイツ帝国議会の議員を務めたほか、リベラル政党進歩党の創設にも関わり、時の宰相ビスマルクと敵対したことでも知られている。ウィルヒョーはベルリンの近代的な上・下水道普及にも尽力した。医療は政治を抜きにしてはその本来の目的を達成できないという使命感からであったようだ。

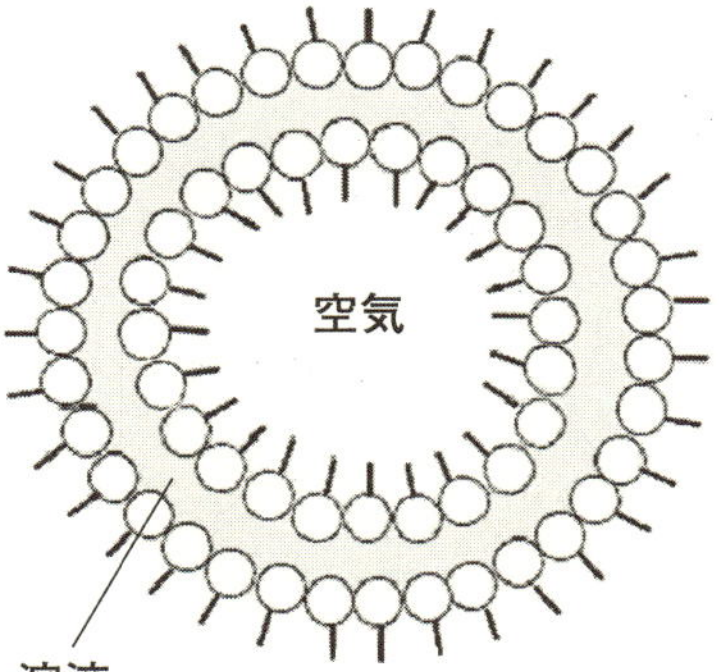

シャボン玉は、親水基同士が接触した二重層の内部にわずかな水層を抱え込む。

（注５）フラスコの中に、原始地球に存在したと考えられる何種類かの分子（水、水素、メタン、アンモニアなど）を入れた。それに熱をかけて蒸気とし、その蒸気に放電を行う。原始地球で頻繁に起こっていたと考えられる落雷や放電を模したものである。その化学反応で生じた産物を、蒸気を冷やすことによって回収した。ミラーたちはこれを一週間続けて、現在の地球に普通に見られる幾種類もの有機物を得た。

（注６）脂質二重層と逆の配向をもったものとして、シャボン玉を説明しておこう。水環境のなかで脂質二重層が形成されるとき、51ページの【図11】のように親水性

基が外部と内部の水環境に接するように配向するが、内部に空気を抱え込んだシャボン玉の場合は、それと反対である。前頁の図に見られるように、内部の空気層に接するのは疎水基である。同様に外部の空気層にも疎水基が接する。従って、シャボン玉の場合は、頭部（親水基）同士が二重の膜を作って微量の水を抱えこみ、尾部（疎水基）がシャボン玉の内部の空気、および外部の空気に露出して膜構造を作っている。石鹼水を振ったり、かき混ぜたりすると泡ができるのも、石鹼水からシャボン玉が作れるのも、いずれも脂質の両親媒性という性質がなせる技である。

第3章　細胞の内と外

膜で囲われてバクテリアが

先に述べたように、原始地球において初めて現れた生命は原核細胞、なかでも真正細菌（バクテリア）の祖先であっただろうと考えられている。それらの細胞膜を作っていたのも、基本的には現在のバクテリアと同じような分子であっただろうと想像される。脂質二重層である。

このような脂質を用いて、原核生物はまず細胞膜を作ることになった。今後の話の展開を考慮して、ここには現在認められている細胞膜の模式図をあげておく（【図13】）。いずれ後の章で説明するように、脂質二重層のなかにはいくつものタンパク質が埋め込まれ、あるいは膜表面に付着して、それらが全体として細胞膜を形成している。膜の流動性は、これらタンパク質の流動性をも保証しているのである。ここに見られるように、脂質二重層のなかにタンパク質が浮いているモデルは、「流動モザイクモデル」と呼ばれている。

ちなみにこの膜の厚さは、ほぼ5ナノメートル。1ミリの1／1000がマイクロ、ナノはそ

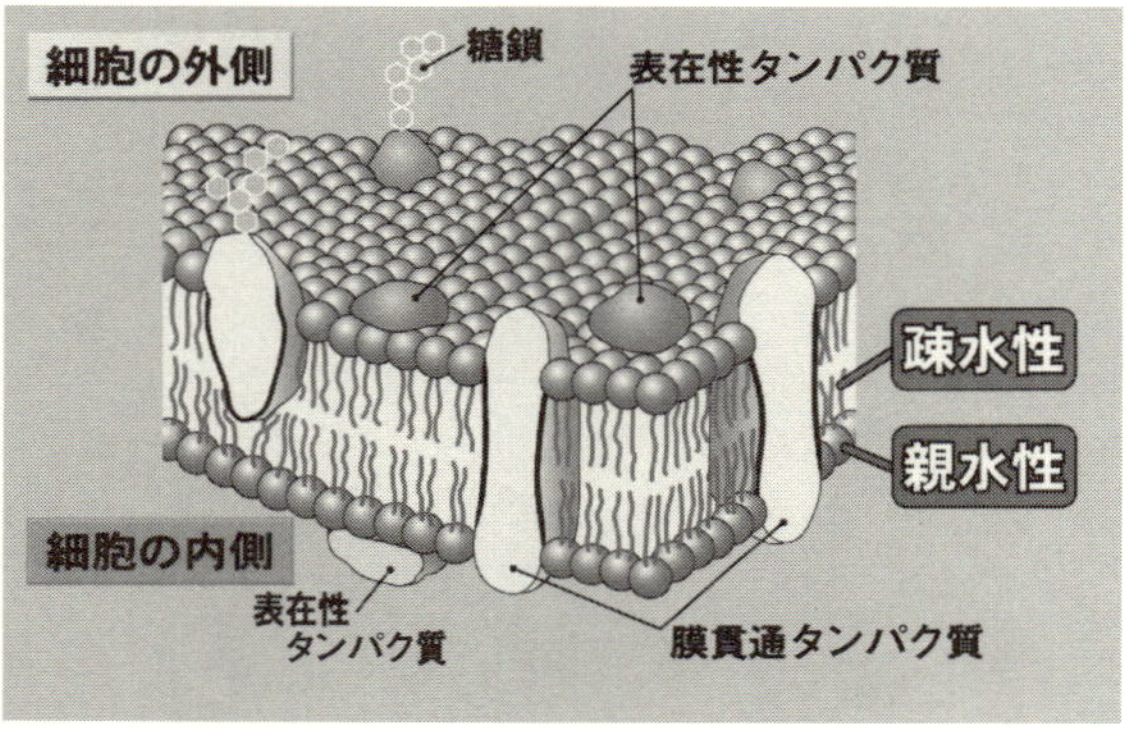

【図13】 細胞膜の模式図（脂質二重層）。石川春律・藤原敬己編『細胞生物学』放送大学（1998）より改変。

のまた1／1000である。どのくらい薄いか実感できるだろうか。動物細胞の平均的な大きさは10ミクロンと考えられるから、一個の細胞を1メートルくらいに拡大したとして、その時、細胞膜の厚さはほぼ0・5ミリメートルに相当することになる。因みに地球の直径は約1万2700キロメートル。海の平均の深さは約4700メートルである。一個の細胞を地球レベルにまで拡大してみれば、細胞膜の厚さは、ほぼ海の深さに対応する。

1メートルもの巨大な球を覆っている0・5ミリの薄い膜。なんとも危うい気がするが、その膜のみを唯一の境界として、さまざまの外的環境のなかで、生命は自らの活動を行ってきた。

38億年ほど前の原始の地球。そこで原始原核細胞が生れたと考えられているが、この原核細胞もまた膜によって外界から区画されることによって誕生した。原始原核細胞が誕生したあと、その子孫はさまざまの経路をたどって進化することになった。まず真正細菌（バクテリア）と呼ばれる種類の原核細胞がある。これは現在でも地球上におびただしい種類が存在し、私たちが普通に考えるバクテリアはほぼこれである。

バクテリアというとすぐに病原菌という言葉に繋がってしまうが、赤痢菌、ペスト菌、コレラ菌、破傷風菌など怖ろしい病原菌としてこれらのバクテリアが存在することは間違いのないところである。しかしバクテリアは必ずしも病気の原因となる存在ではない。

私たちの身体のなかにだって、おびただしい数のバクテリアが棲んでいる。棲んでもらっていると言ったほうが正確だろう。もちろんその大部分は病原性を持たない。持たないばかりか、私たちの健康を支えてくれる重要な存在なのである。最近は、腸内バクテリアの種類を、患者あるいは個人ごとにすべて調べ上げ、そこから新しい治療を目ざそうという試みも始まっている。

バクテリアは大体直径1ミクロン程度の大きさだが、私たちのなかに棲んでいるバクテリアはどのくらいの数になるのだろうか。以前は糞便中のバクテリアを調べるなどの方法で、100種類、100兆個というのが定番であった。しかし糞便中のバクテリアには培養できないものが圧倒的に多くあることがわかり、現在ではその種類は3000〜10000種類、数は600兆〜1000兆個と見積もられているようである。重さにして1〜1・5kg。私たちを作っている全細胞より多い。仮に1000兆個あるとして、腸内細菌をすべて一列に並べると、なんと100万キロメートルに達することになる。地球を25周分の距離である。私たちは何も知らないままに、これだけの数のバクテリアを抱えて、彼らに助けられつつ日々生きている。

彼らは一定の腸内フローラ（腸内細菌叢）を作っていて、彼ら同士の複雑な棲み分け、共生関係を維持しているほか、私たち宿主ともうまく共生しているのである。ビフィズス菌などは聞きなれたバクテリアの名前だろうが、これは善玉菌と呼ばれる。大部分が善玉菌だが、悪玉菌と呼ばれる一群のバクテリアも存在し、それらは普段は善玉菌に抑えられておとなしくしているが、時によって暴れだすこともある。腸内フローラに激しい変化が起こると、下痢をはじめとして、宿主の生理的なバランスや免疫力も著しく影響を受けることになる。腸内細菌は、腸における消化を助けてくれるだけでなく、食べ物などとともに外部から入ってきた新手のバクテリアに対して、感染防御の役割も担っている。

私は講義のなかで、時々学生たちに向かって、「君らの腸のなかに、どのくらいのバクテリアが棲んでいるか知ってる?」と質問する。答えはたいてい間違っている。「居ません」と答える学生もいるし、「さあ、100万個くらい」と適当なことを言う学生もいる。もちろん知らないのは当然なのだが、「ほんとはね、1000兆個くらいはいるんだよ」と言うと、たいていみんながいっせいに「ウッソー!」。女子学生たちは「キモチわるーい!」。

意地の悪い私は、さらにたたみかけて、「君らのウンチは何からできてるか知ってる?」と質問する。もちろん食べ物のカスという答えがいちばん多いが、実はウンチの固形成分のうち、約3分の1は腸内細菌の死骸なのである。他の3分の1が小腸などの消化管から脱落した自分の細胞、そして残りの3分の1が食べ物のカスなのである。「まあ、だからウンチの臭いのは君の責任ではなくて、腸内細菌が食べ物を代謝したり、発酵するときに出す匂いだし、おならもその発酵から出てくるガスなんだよ」と、なんとなく慰めてもおくのであるが、たぶんこういう教師はいやがられるのだろう。

ついでに言っておくと、先に私は「私たちのなかに棲んでいるバクテリアは」と言ったが、バクテリアは私たちの〈なか〉に棲んでいるのだろうか。第1章で述べた、消化管の内と外を思い出してほしい。そう、消化管の内部は、実は外部なのであった。つまり1000兆個ものバクテリアは、私たちの身体のなかには居るが、決して厳密な意味での〈内部〉に居るわけではないのである。内側だが外部、身体の内にありながら画然と区切られた外部としての腸内にだけ、バクテリアを棲まわせて、私たちに奉仕させている。バクテリアに棲んでもらってはいるが、その居住域は、きっちりと自分たちの外にだけ許しているのである。

腸内細菌は、その大部分が嫌気性細菌である。これは空気を嫌い、空気のない（酸素のない）場所を好んで生活する。考えてみれば、原始地球にあっては、バクテリアはほとんどが酸素を使わないで生きていく嫌気性細菌であったはずである。なにしろ酸素がまだ地球にはなかった。一方で、古細菌（アーキア）と呼ばれる一群の細菌が存在した。これは現在でも数多く存在しているが、特殊な環境下に生育することが多い。極端に高温の火口や深海、硫黄が噴き出しているところ、あるいは海底火山など、とんでもないところを好んで生活しているように見える。好んでいるのではなくて、そんなところでも生活できるということである。アーキアは古細菌という名前から誤解されやすいが、バクテリアより進化的には真核生物に近いものと考えられている。

はっきりした年代については諸説あるようだが、今から約27億年前、シアノバクテリアと呼ばれる藍藻の仲間が出現した。シアノバクテリアはクロロフィル（葉緑素）を用いて光合成を行うことができ、光のエネルギーを利用して、水と二酸化炭素からグルコースなどの炭水化物を作り出し、同時に〈副産物〉として酸素を作り出す。

シアノバクテリアが繁茂することによって、地球には徐々に徐々に酸素が蓄積するようになっていった。今から20億年ほど前から徐々に酸素濃度の上昇がみられ、10億年ほど前になると、ほぼ現在の酸素濃度、20％ほどになったとされている。

私たちは動物も植物も含めて、酸素を有効に取り入れ、生化学的な意味における「呼吸」によって、エネルギー産生を行っている。酸素呼吸によって取り出せるエネルギー（細胞におけるエネルギー通貨はＡＴＰと呼ばれる化学物質である。これについては後に詳述する）は、無酸素状態で取り出せるエネルギーの十数倍とたいへん効率がいいので、当然のことながら酸素呼吸のできるバクテリアの方が増殖に有利である。次第に酸素を好むバクテリア、すなわち好気性細菌が嫌気性（酸素を嫌う）細菌を凌駕していくことになる。

核膜ができた！

好気性細菌の増殖にとって有利な酸素は、一方で極めて危険な毒物でもある。酸素は反応性が高く、生体内の種々の高分子と結合しやすい。酸素がくっつく、これはすなわち酸化反応であるが、特に反応性の高い活性酸素と呼ばれる一群の酸素化合物は、きわめて危険で毒性が高い。活性酸素によってＤＮＡに傷がついたり、タンパク質の機能が失われたりし、細胞が死滅することになる。

地球が酸素の多い惑星に変っていった時期、今から約10億年ほど前は、この惑星にとって、最大の大気汚染だったと言えるのかもしれない。ゆっくりとだが、安全に暮らしていた嫌気性細菌は、酸素の増加が進むにつれ、できるだけ酸素のない環境を求めて住まざるを得なくなった。彼らは酸素環境下では生きられない。エデンの園からの追放である。現在でも、地中深くとか、海底深く、あるいは腸内とか、酸素の少ないところでひっそりと日蔭者の生活をしているのである。

バクテリアあるいは古細菌（アーキア）がどのようにして真核細胞に進化したのか、まだ確定はされていないというべきだろう。しかし、どこかの段階でバクテリアやアーキア同士の融合が起こった可能性はある。外界からの酸素や紫外線の毒性から逃れる一つの方法は、細胞の体積を増やすことである。いくつかのバクテリアが融合し、ＤＮＡを大量の細胞質の中にしまい込むことによって酸素毒から逃れようとしたと考えられる【図14】。私はいま、この考え方を、団まりな博士の『細胞の意思〈自発性の源〉を見つめる』（ＮＨＫブックス）から引用しているが、門外漢ながら魅力的な考え方だと思っている。特に融合によって染色体の複数化がなされていたのだとしたら、それも魅力的な根拠となるかもしれない。

大きくなっても、これらはまだ原核細胞である。核を持ったヒトの細胞の直接の祖先ではない。こうして大型の細胞となった真正細菌にどのようにして核ができたのだろうか。これにもまだ定

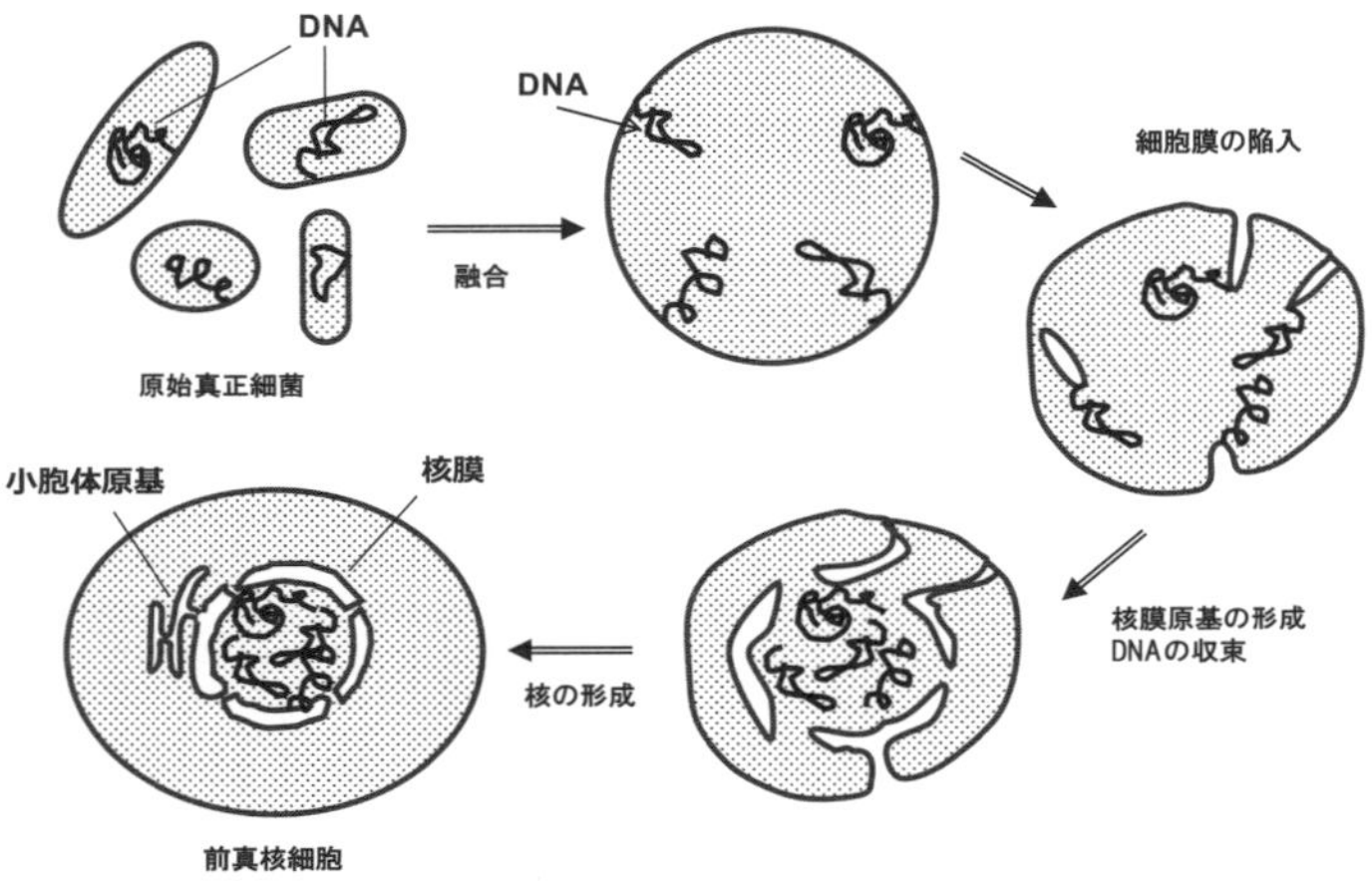

【図14】 核膜ができるまで

説はないというべきだが、なんらかの形で細胞膜に凹みができ、それが陥入していくということはありうることである。実際、私たち動物細胞の細胞膜においても、細胞膜が内側に陥入して、次にそれがくびり取られて小さな袋（小胞）になるなどの出来事は、まさに日常的に起こっている。こんなことが起こり得るのも、膜が脂質二重層からできており、しかも膜の流動性があるからである。

すでに述べたように、膜もシャボン玉も脂質二重層からできている。シャボン玉の球同士がくっついて一つになったり、吹いていたシャボン玉がいくつもの小さなシャボン玉に分かれるのは経験したことがあるだろう。膜はシャボン玉の膜のように伸び縮み自在であり、かつ膜同士の融合や分裂もかなり自在に行われるのである。

バクテリアのＤＮＡはある１カ所で、細胞膜に結合しているが、その膜上の結合点もろともに陥入し、【図14】に示すようにそれらが互いに集まって、核膜を形成したと考えられている。遺伝子が細胞質（正確にはサイトゾル、あるいは細胞質ゾルと言うべきである）(注7)のなかにそのまま納められている原核細胞から、それらが核のなかに別に蔵《しま》われるようになった細胞、すなわち原始真核細胞の出現である。ゲノム解析から、この原始真核細胞のもとは、バクテリアに由来するのではなく、むしろアーキア（古細菌）に由来するのであろうというのが、現在の見方である。

こうしてできた核の内部は、サイトゾルとトポロジー的には同じであることに注意をしておいてほしい。核膜のでき方をみれば、それは明らかだろう。サイトゾルへ伸びてきた膜が取り囲んだサイトゾルの一部が核なのである。核の内部とサイトゾルは核膜孔という比較的大きな孔でつながっているが、核膜孔の両側は連続している。

もう一つ、核膜は二重の膜、すなわち外膜と内膜とからできることに注目しておきたい。これも核膜のでき方を考えれば容易に納得できるところだ。陥入して伸びてきた膜が彎曲して核を囲んだのであるから、当然そこには外膜・内膜の二つの膜ができる。

学生たちが意外に間違いやすいので述べておけば、この外膜、内膜という二重の膜は、脂質二重層と言うときの〈二重〉とは意味が異なる。外膜も内膜もそれ自体が脂質二重層からなっているのである。脂質二重層が外と内のそれぞれの膜にあると考えて欲しい。このような外膜と内膜からなる膜構造は一般にエンベロープと呼ばれる。

それではこの核エンベロープの内部の空間（すなわち外膜と内膜のあいだの空間）は、細胞の内部なのだろうか。これもでき方をみれば容易に想像できるように、実は細胞の外部なのである。先に、私たちヒトは、身体の内に外部を抱え込んだ存在だという話をしたが、「内なる外部」はなんと細胞レベルでもやはり存在したのである。核の外膜と内膜の間のスペースは、明らかに細胞の外部と地続きであり、細胞の外部と考えておかなければならない。

核膜の外膜と内膜の間のスペース、すなわち膜間スペースの生理的意味はまだ十分明らかになっているとは言えないが、このような細胞の内なる外部が、生物学的に、より重要な意味を持つのが、小胞体である。

小胞体は、核膜の一部が伸び、枝分かれした繊細で複雑な網目状の構造体である。活発にタンパク質合成をおこなっている膵臓などの細胞を電子顕微鏡で見ると、サイトゾルの大半を小胞体がびっしりと占めていることがわかる。その網目は実は時々刻々いろいろな場所で切れたり、また繋がったりしているきわめて動的な構造を作ってもいる。後の章で述べることになるが、小胞体はタンパク質合成の場であり、またそこで作られたタンパク質を膜や細胞の外へ輸送する起点にもなる構造体なのである。言ってみれば、もっぱら輸出用の品物（タンパク質）を作っている工場とでも言えばいいだろうか。

小胞体はどのようにできるのだろう。実は小胞体の膜と核の外膜とはつながっている。おそらく外膜が例によって伸び出し、どんどん伸びて枝分かれなどを繰りかえしながら網目状の構造を作ったのが小胞体なのである【図15】。であってみれば、小胞体の内部も外部ではないのか?!

そのとおり。小胞体の内部は、トポロジー的には核膜の膜間スペースと同じであり、従って、細胞の外部と考えざるを得ないのである。このようにして原核細胞内部に核と小胞体という、別の細胞内構造を持つ細胞が出現した。核も小胞体もどちらも、細胞のなかにさらに膜によって区画された構造である。このように細胞の内部にあって、さらに膜によって囲われている構造体をオルガネラ（細胞小器官）と呼ぶ（核だけはオルガネラとは言わない）。

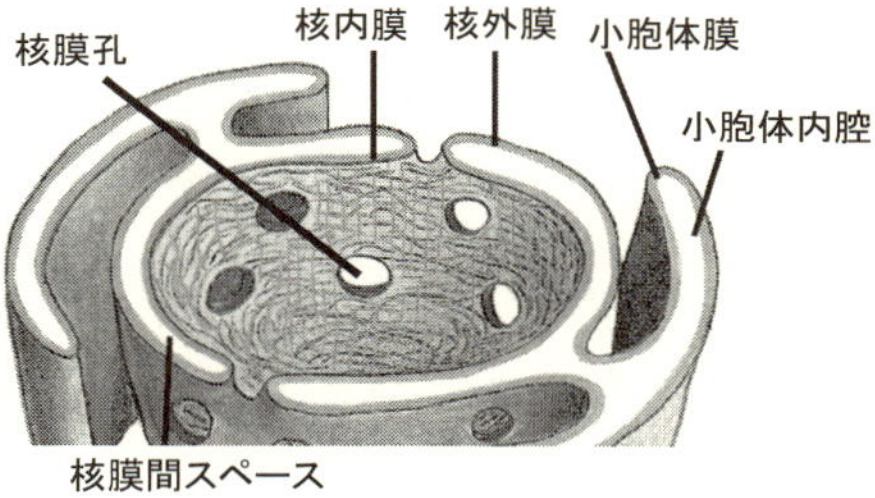

【図15】 核の外膜が伸長して、小胞体を形成する。*Molecular Biology of the Cell*（© Garland Science 2008）を改変。

食べたバクテリアは良い奴だった

細胞の内部には、核膜の膜間スペースと小胞体内腔という二つの外部が抱え込まれていることを述べたが、「細胞の内なる外部」ということからは、もう一つ大切なオルガネラについて述べておかなければならない。ミトコンドリアである。

先に述べたように、原始地球にシアノバクテリアが繁茂し、地球はしだいに酸素を抱え持つ惑星となっていった。試算によると、原始地球の酸素濃度は全体の大気成分の1000億分の1以下であったものが、現在のように5分の1になったのである。その間約10億年。大部分の嫌気性細菌は死滅するか、酸素の少ない場所に押し込められることになったが、一部は突然変異などによって、酸素を利用できる細菌に生まれ変わったことだろう。酸素呼吸によってエネルギー（ATP）を作り出せる好気性バクテリアの誕生である。私たちの祖先である原始真核細胞も、最初は多くのバクテリアと同様、酸素を利用することなく（むしろ酸素を嫌いながら）グルコースなどの炭素源からATPを作り出していたはずである。

酸素が多くなった地球上で、酸素を利用することなく慎ましく生きていた原始真核細胞に、なんらかのきっかけで好気性のバクテリアが融合することは十分にあり得たことである。融合というよりは、最初は呑み込んだのであったかも知れない。捕食したのである。私たちの血液中には血球細胞が絶え間なく流れているが、このなかにマクロファージという細胞がある。別名「大食細胞」とも呼ばれるごとく、マクロファージは侵入してきたバクテリアなどを食べてしまうことができる。食べて分解し、バクテリアを殺すだけでなく、その侵入情報を免疫細胞などに伝えるのである。

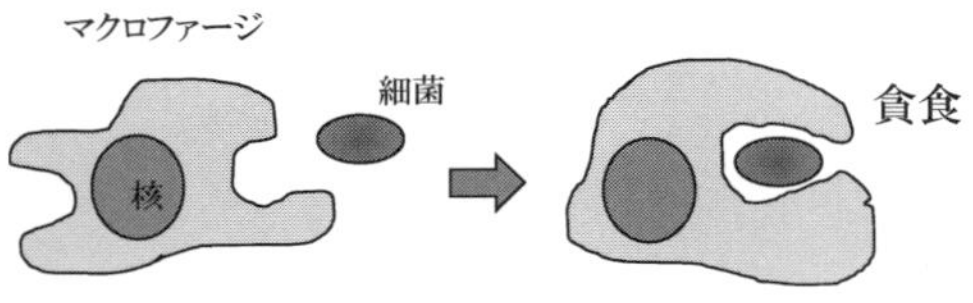

【図16】 マクロファージによる細菌の貪食。

マクロファージは細胞膜をくびれさせ、そとからのバクテリアをこの膜によって包み込むようにして呑み込む（【図16】）。私たちの祖先となる原始細菌も、このようにして他のバクテリアを呑み込んだ可能性が高い。このようにして取り込んだバクテリアが、たまたま酸素を利用して効率的にエネルギーを生産することのできる好気性細菌であることも起こり得ただろう。それなら、これを利用しない手はない（と、思ったかどうかは知らないが）、原始真核細胞は、取りこんだ好気性のバクテリアを生かしておくことにした。捕虜と言ってもいいし、客分と言ってもいいかもしれない。これが真核細胞のなかにあるオルガネラの一つ、ミトコンドリアである。

細胞内共生・持ちつ持たれつ

生物の内部に、別の生物を棲まわせている。これは「共生」であるが、特に細胞の内部に別の細胞を取り込み、共生させているミトコンドリアのような例は、「細胞内共生」と呼ばれるようになった。１９７０年に細胞内共生説を唱えたのは、当時ボストン大学にいたリン・マーギュリスであった。彼女は、天文学者カール・セーガンの最初の妻でもある。

ミトコンドリアが共生微生物に由来するのではないかという考えはそれ以前からあった。ミトコンドリアはそれ自身のなかにＤＮＡを持ち、自律的に分裂増殖する。かつそのなかで独自にタンパク質合成を行なえることなどが、その根拠である。これらはミトコンドリアが、それ自体ほとんど独立の生命体であることをうかがわせる。個々の細胞内に、数百から数千個もあるミトコンドリアは、実際、宿主の細胞の細胞分裂とは関係なく、独立して分裂、増殖をしているのである。

リン・マーギュリスによる細胞内共生説は、それ以前の多くの観察を慎重に調べ、それらのうえに立てられた説である。いわばそれまでの観察の延長上になされたものであるが、そこには明

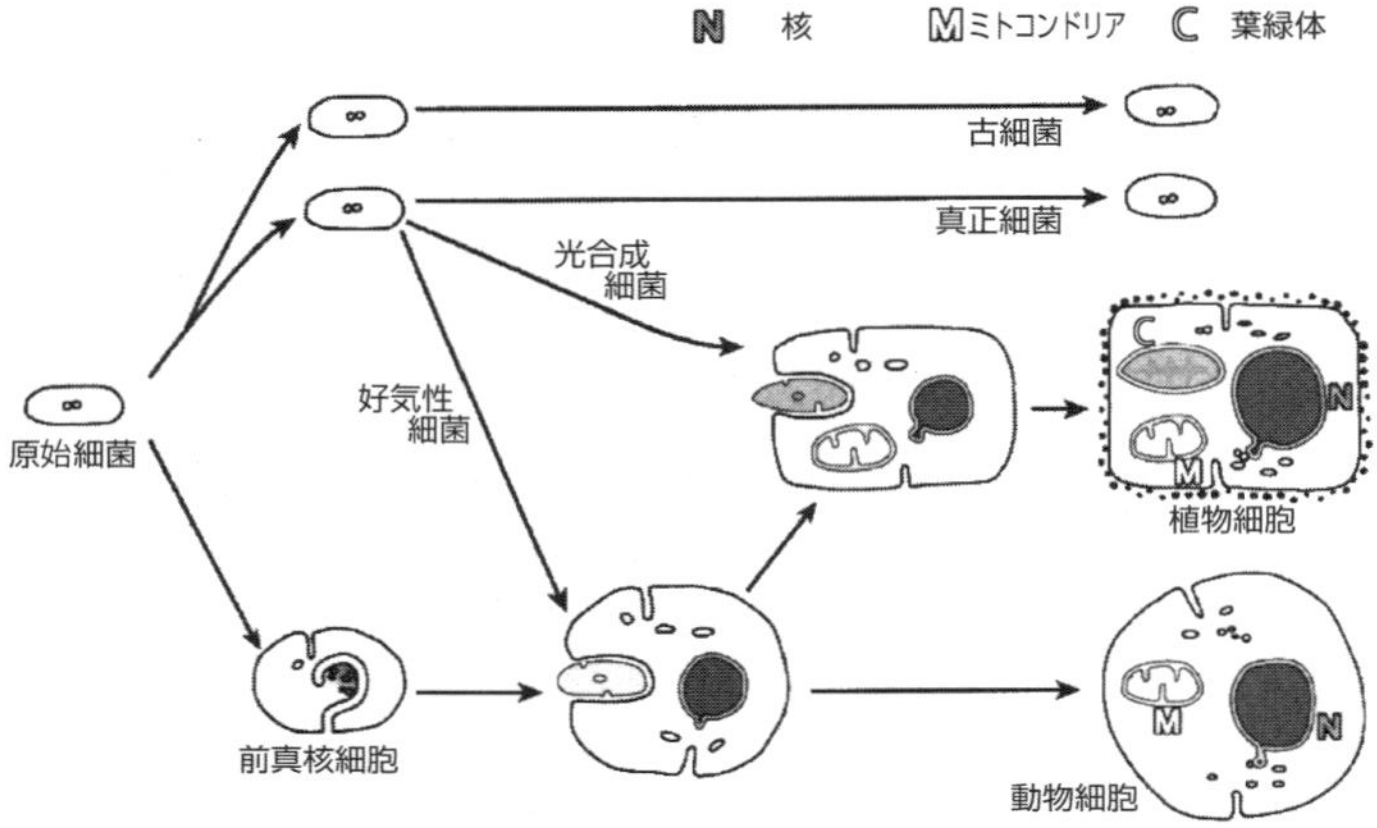

【図17】 ミトコンドリア（M）と葉緑体（C）の細胞内共生。

らかな飛躍がある。

先にも述べたことだが、それまでに存在したさまざまの観察のなかから、ノイズを除去しつつ何を本質的なものとして〈抽象〉し、そのうえにばらばらの事象を一気に統一できる理論を構築するか。ほとんどの場合、新しい学説というものは、それまでの単なる延長上には構築され得ないものである。新しい概念として提示されて初めてくっきりと見えてくる、あるいは統一的に理解される事象というものはきわめて多いものであるが、それを可能にするのは、取捨選択の強い意志と、統一的な俯瞰への願望に裏打ちされた、飛躍を厭わない力業である。

マーギュリス以降の観察は、彼女の細胞内共生説を支持するものが多く、細胞内共生説はほぼ間違いないものと考えられている。その証拠として第一に挙げておきたいものは、ミトコンドリア膜の外膜と内膜の構成タンパク質の違いである。

ミトコンドリア膜が、外膜と内膜から成っているのは、【図17】を見れば容易に理解できるだろう。好気性バクテリアが原始真核細胞に取りこまれた。取りこむためには、バクテリアごと呑みこむのであり、バクテリアの膜は、宿主細胞の膜で取り囲まれることになる。二つの膜は、その由来が違うのである。

ミトコンドリアの二つの膜にあるタンパク質を調べてみると、ヒトのミトコンドリアの場合、内膜上の13個のタンパク質は、ミトコンドリア自身のＤＮＡにコードされたものであることがわかった。ミトコンドリアが自身のＤＮＡを持っているということ自体が、ミトコンドリアが独立した生命体であったことを物語っている。一方で、外膜上のタンパク質はすべて宿主（ヒト）の核ＤＮＡ上に書きこまれた遺伝情報から作られるタンパク質であった。これは明らかに、内膜が、呑みこまれたバクテリア由来の膜であることを示唆している。

細胞内共生の例として、もう一つ挙げておかなければならないのは、植物細胞における葉緑体（クロロプラスト）である。原始の海でシアノバクテリアが繁茂し、地球を酸素のある惑星にしたことは先に述べた。このシアノバクテリア（あるいはその亜種）が原始動物細胞に入り込み、共生を始めたのが植物細胞なのである。共生をするようになったシアノバクテリアは、光エネルギーを使って、水と空気中の二酸化炭素から炭水化物（ショ糖やグルコースやデンプンなど）を植物細胞に供給する。植物は、シアノバクテリアに由来する葉緑体を獲得したことで、光合成をおこなうことができるようになり、地球の大気中に酸素を供給し続けているのである。

ミトコンドリアの憂き目

共生というのは2種類の生物が、互いに利益を得るような生活様式のことである（どうやら一方だけが利益を得るような片利共生という不可解な共生もあるようだが）。ミトコンドリアとの共生の場合は、宿主はミトコンドリアからエネルギーを供給してもらうのだから、もちろんありがたい。ミトコンドリアは、パワーサプライ、発電所のようなものである。一方、ミトコンドリアの方にはどんな利益があるのか。一方的にエネルギーを貢ぐだけなのか。

ミトコンドリアはエネルギーを供給するかわりに、それ以外の生活では、できるだけ楽をさせてもらおうとしたようである。すなわち自分が1個の生物として生きていくための、多くのタンパク質を宿主に肩代わりさせているのである。ヒトのミトコンドリアの場合、内膜上の13個のタンパク質の他に、全部で三十数種類の遺伝子を持っているが、もちろんそれだけでは生きてゆけない。他のタンパク質はすべて宿主に依存している。ヒトのミトコンドリアで働いているタンパク質は１５００種以上と見積もられているが、そのほとんどを宿主が貢いでいる。ミトコンドリアに快適な生活を送ってもらうために、宿主はかいがいしく世話をし続けているのである。

ミトコンドリアももともとは自分が生きていくための最低限のタンパク質は自前で作っていたのだろう。ところが家主の家に居候するようになって、上げ膳据え膳で生活するようになると、ついつい怠け癖がつく。いつの間にか、家主の世話がなければ一人前に生きて行けなくなって、飼い殺しの憂き目を見ることになったのである。身につまされる話である。

瀬名秀明の『パラサイト・イヴ』は、著者が東北大学の大学院生時代に書いたSFホラー小説であるが、長年にわたってそのような飼い殺し状態に甘んじ、虐げられてきたミトコンドリアが、人間に復讐するために立ちあがるというストーリーであった。第二回日本ホラー小説大賞を受賞し、映画化もされたが、ミトコンドリアに関する科学的背景は正しく書かれていて、発売当初におもしろく読んだ記憶がある。

細胞膜のジレンマ・閉じつつ開く

細胞は脂質二重層からなる細胞膜によって外界と隔てられている。隔てられることによって、生命は〈自己〉を獲得したのだと言ってもいい。しかし、この細胞膜は、外界から自己を区別するために閉じていることは必須であるが、いっぽうで完全に閉じてしまっては生命を維持できない。つまり、細胞膜は、外界に対して、自己の境界を設定するだけでなく、外に対して自己を閉じると同時に、外に対して開いていることもまた必須なのである。

生命活動を営むためには、まず外界から栄養を摂取して、それを代謝しなければならない。牛乳配達が来れば、ドアを開けて牛乳を受け取る。細胞膜の脂質二重層そのものにはドアはないが、ドアの役割は細胞膜に組み込まれている膜タンパク質が担っている。ある場合には、膜タンパク質が膜に穴を開け、栄養物の摂取に働く（【図18】）。

郵便屋さんが来れば、郵便受けから手紙や葉書を差し入れてくれる。郵便はある種の情報だと考えれば、細胞の働きを制御するような情報を受け取るにも膜タンパク質が働いている。たとえばカルシウムイオン（Ca^{2+}）は筋肉の収縮をはじめとして、さまざまの細胞機能に重要な役割を果たすシグナル分子であるが、Ca^{2+}も膜タンパク質を介して、細胞内に取り込まれ、また放出される。小さな分子だから窓という感じだろうか。

外部からの情報の場合には、必ずしも分子を取り込む必要のない場合も当然ある。例えばドアをノックさえすれば、さあ出発という合図になる場合もある。あるいはドアベルのボタンを押せば、家のなかに来客を知らせることもできるわけで、この場合は、モノのやり取りはないが、情報だけが膜を通って伝えられる。ある種の情報伝達では、膜タンパク質の外側に出ている部分に、情報を伝える分

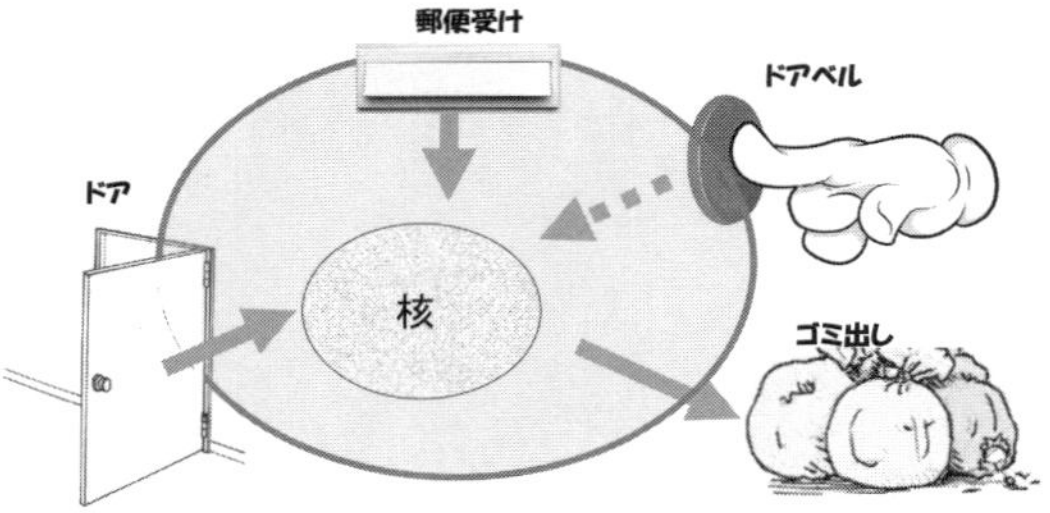

【図18】 細胞膜を介したモノ・情報の出し入れ

子が結合することで、膜タンパク質が膜を介して、細胞内部の別のタンパク質に情報を手渡し、このことによってシグナルを外部から内部へ伝達するという方法もある。この場合は、直接の物質のやり取りはないが、膜タンパク質を介して情報だけがやり取りされる。

一方で、細胞が生命活動を営む過程では、必然的に不要なゴミも出てしまうというもの。人間

の生活と同じである。ゴミや老廃物は細胞の外へ廃棄しなければならない。後に述べるが、この廃棄がうまくいかないと、アルツハイマー病をはじめとする種々の神経変性疾患がひきおこされることになる。この場合も、膜は閉じたままでは具合が悪いわけで、膜タンパク質の働きを得て、それらは外部へと廃棄される。

細胞はもっと積極的に物質を外へ運び出すこともやっている。例えば血中の糖の濃度の調節には、インスリンが大切であることは多くの人が知っているが、インスリンは膵臓のランゲルハンス島にあるβ細胞という細胞が分泌するタンパク質である。β細胞は自身が作ったインスリンを、細胞の内から外へ分泌し、そのインスリンが血中を流れることによって、糖の調節が行われているのである。分泌タンパク質はインスリンだけでなく、きわめて多くの種類があるが、この分泌と呼ばれる現象も膜を越えなければならない。そのままでは細胞膜が障壁になって通過できないから、何らかの工夫がいる。この分泌の際にも膜タンパク質が大きな役割を果たしている。

いま糖の調節と言ったが、この糖の調節そのものも、膜を介して、血中の糖を細胞のなかに取り込んだり、必要な場合は、細胞の外へ送り出すということによってなされている。この糖の調節、細胞膜を介した出し入れがうまくいかないと、糖尿病を引き起こすことになる。膜を介した物質、情報の出し入れは、細胞が細胞として生きていくためには、一瞬たりとも途絶えてはならず、また精妙な調節下になければならないのである。

脂質二重層は、先に見たように、リン脂質がびっしりと平面上に配列し、喩えではなく水も漏らさぬ障壁を作っている。(注8) 脂質二重層だけでは外界と内部とは画然と区別はされるが、(一部の例外を除いて)物質も情報もやり取りをすることはできない。それを可能にしているのが、膜タンパク質である。膜タンパク質によって脂質二重層という完ぺきな障壁に、必要に応じて孔を開け、物質をやり取りすることが可能になっているのである。孔が開いたままでは外と内の区別がなくなり、中の物質が外へ流れ出すし、入ってきてもらっては困る外部の毒物なども細胞に流入するだろう。膜に孔を開けることも必要だが、普段は閉じていることがそれ以上に重要である。それによって細胞のインテグリティ(自律性、完全性)が担保されている。このように膜が「閉じつつ、開いている」という難題をクリヤーしているのは、まさに膜タンパク質という存在があるからなのである。

これからしばらく、まず膜を介した物質および情報のやり取りについて見ることにしよう。そのなかで、厳密に閉じているはずの膜が、この「閉じつつ開く」という難問にいかにうまく巧妙に対処し、解決しているかを感じていただきたい。

(注7) 専門家でも間違って用いている人が多いので、細胞質とサイトゾルの使い分けについて説明しておく。真核細胞は、まず核とそれ以外の部分に分けて考える。この「核以外の部分」を細胞質と呼ぶ。次に「細胞質」は、膜で囲われた細胞内の構造体とそれ以外の溶液状の部分とに分けられる。前者はオルガネラ

（細胞小器官）と呼ばれ、後者はサイトゾル（細胞質ゾル）と呼ばれる。オルガネラにはミトコンドリアや小胞体、ゴルジ体、リソソーム、葉緑体（植物）などがあるが、これらについては後に説明する。細胞質とサイトゾルは違った概念として、特に学生諸君には明確な認識を持っていてほしい。

（注8）細胞膜は水を通さない。脂質二重層の内側、疎水性の部分が水をシャットオフするからである。しかし、実際には、きわめてゆっくりとではあるが、水分子は細胞膜を通過する。これは普通は無視して考える。水分子の細胞内への取り込みは、アクアポリンと呼ばれる水分子専用のチャネルが細胞膜にあり、このチャネルの開閉を通じて、水分子を細胞内に取り込んでいる。

第4章　上皮細胞は身体の境界を作っている

肉を食べるのは何のため？

私たちの食材として、タンパク質は欠くことのできないものである。なぜタンパク質を摂る必要があるのだろう。端的に言って、それはタンパク質を作るためである。

私たちの身体を作っている、あるいは生命の最小単位としての細胞を作っている重要な分子として、タンパク質があることはすでに述べた。遺伝子の本体としての核酸、膜の主成分としての脂質、エネルギーを生み出す炭水化物、種々の調節機構に関わるさまざまのビタミンやイオンなど、生命活動に欠かせない分子はいくつもあるが、中でも細胞内の機能分子としては、タンパク質がもっとも重要な分子であると言うことができる。タンパク質がなければ、いかなる生命活動もおこなわれることはない。そのタンパク質は、常に私たちの細胞のなかで作られている。

細胞内のタンパク質で、ＤＮＡ上に書き込まれているのは２万７０００種類ほどであるが、実際にはそれがさまざまに修飾されたりして、７万から10万種類ほどと見積もられている。直径が

10ミクロン（1ミリの100分の1）ほどの細胞1個1個のなかにあるタンパク質の総個数は、80億個ほど。あくまで概算である。われわれ人間は60兆個の細胞を持っているとして、ひとりのヒトの抱えているタンパク質の総量は、何個になるのか掛け算をしてみるのもおもしろい。

タンパク質は一度作られれば、それがずっと働き続けるというものではない。数十日働き続けるものもあれば、1分以内にその寿命を終えるタンパク質もある。従って、細胞内では常にタンパク質を作り続けなくてはならない。肝細胞のように活発な細胞では、1個の細胞の中で、1秒間に数万個ものタンパク質が作られていると言われる。

タンパク質を摂るのは、生命活動にとって必須のタンパク質を作るためであるが、誤解のないように言っておけば、私たちがタンパク質を摂取するのは、摂取したタンパク質をそのまま利用するためではない。タンパク質を効率よく摂取するためには、肉を食べるのが一番だろうが、肉を食うのは、それがそのまままわれわれの肉になるからというわけではない。豆にも牛乳にもタンパク質は多く含まれているが、それを食べたからといって、私たちのなかに豆ができたり、乳汁が作られたりするわけではもちろんない。

タンパク質を摂るのは、タンパク質を作るもとになるアミノ酸を摂るためである。タンパク質はアミノ酸の繋がったものであり、タンパク質を作るために、まず摂取したタンパク質を分解して、原料のアミノ酸を得る。アミノ酸の中には、必須アミノ酸と言って、外から摂取しなければ、自分で合成のできないアミノ酸があり、これは他のタンパク質から摂ってくる以外ないのである。

そう言えば、私（たち）は何でも語呂合わせで覚えてしまおうという「悪い癖」があり、必須アミノ酸は「風呂場の椅子の独り占め」などと言って楽しんでいた。フェニルアラニン、ロイシン、バリン、イソロイシン、スレオニン、ヒスチジン、トリプトファン、リジン、メチオニンである。余りに有名であるから、これで覚えた人も多いのだろう。

必須アミノ酸のほかには、非必須アミノ酸もあり、私たちのタンパク質を作るのに必要なアミノ酸の約半数は、非必須アミノ酸。これは体内で他のアミノ酸や別の分子から合成される。外から摂ってもいいが、摂らなくても自分で作りだすことができるのである。

コラーゲンを食べて肌は若返るか?

タンパク質は食物として摂取したタンパク質を分解することによってできたアミノ酸から作られる。こんなことは高校の生物の教科書に載っている。あるいは家庭科でもたぶん習うことなのであろう。しかし、習ったことが実生活でそのまま生きているか、役立っているかといわれると、必ずしもそうではないらしい。

科学的知識として知っているということと、生活のさまざまの場面で、それが生かされているということとは、往々にして違っているようなのである。不思議なことで、知識として知ってはいても、実際の行動や認識の場面において、そのような科学的知識が生かされていないと思われる場面が多すぎる。

そんな場面はいくつも思い浮かぶが、私の専門分野でいつも腹立たしく思うことを一つだけ紹介しておきたい。コラーゲンである。

焼き肉屋などに行って、隣の席のおばさん達が、「軟骨、これコラーゲンやろ、頼も、頼も」などと騒いでいるのを聞いていると、ああ、またかと思ってしまう。コラーゲン神話がここにも蔓延している。

コラーゲンは、私たち人間の身体を作っているタンパク質のなかでもっとも量の多いタンパク質である。ヒトの総タンパク質の実に3分の1がコラーゲンである。コラーゲンは現在までに29種類が知られているが（そのうちの1種類は我々の研究室で初めて報告したもの）、もっとも量の多いものがI型コラーゲンと呼ばれるものである。

I型コラーゲンは骨や皮膚の主成分である。コラーゲンは骨代謝、特に骨粗鬆症にも深い関係をもっているが、ここでは皮膚だけについて説明しておこう。皮膚は表皮と真皮に分けられるが、真皮は結合組織という組織からなり、結合組織の主成分としてI型コラーゲンがある。加齢とともにこのコラーゲンの量が減少したり、コラーゲン線維同士の架橋に変化が生じたりして、質、量ともに悪くなる。肌の張りがなくなったり、皺の原因ともなる。これは正しい。

だから、コラーゲンを摂取しましょう、という広告が新聞などに頻繁に載っている。テレビのコマーシャルで見ることもある。コラーゲンが不足するから、サプリメントとしてコラーゲンを補う。まことに理にかなっているように見えるが、ここには大きな落とし穴がある。コラーゲンを摂ったら、コラーゲンとして組織に沈着するのか、という問題である。

答えは断じてノーである。コラーゲンを摂ったからと言って、それがそのままコラーゲンとして私たちの身体の一部になり、機能を発揮することはあり得ない。

コラーゲンに限らず、どのようなタンパク質であっても、食べ物として摂取したタンパク質が、そのまま機能することはあり得ない。血中などに直接投与されたタンパク質が、短期間、血中などで機能を発揮する場合はある。たとえば糖尿病患者へのインスリン注射などがそれにあたる。しかし、胃を通り、小腸で吸収されるタンパク質の場合は、まずアミノ酸にまで分解され、それを材料として、遺伝情報に従って、「新たに」タンパク質を作るのである。

最近の広告は、少し進化したようで、コラーゲンは分解され、アミノ酸、またはオリゴペプチド(注9)にまで分解されて吸収され、それはコラーゲン産生に有効に働くという方向へ言い換えられているようだ。コラーゲンを摂取し、そのアミノ酸がコラーゲンを作りだすと書かれていたりもする。それは間違ってはいないが、コラーゲンのアミノ酸がコラーゲンを作るのにだけ効いているように受け取られる書き方をしているところが曲者である。

コラーゲンから摂ったアミノ酸は、他のタンパク質を作るのにも当然使われるし、逆に他のタンパク質を摂取して分解したアミノ酸からも、コラーゲンは作られるのである。何も高い金を払って、コラーゲンだけを摂る必要はない。

もう少しだけ言っておくと、コラーゲンに含まれているアミノ酸は、とても偏っている。ヒトや動物、植物も含めて地球上の多くの生物は、20種類のアミノ酸を使ってタンパク質を作っている。肉などを食すると、多くのアミノ酸が（もちろん種類によって偏りはあるとしても）含まれている。ところがコラーゲンの場合は、グリシンおよびプロリンというアミノ酸がそれぞれ約4分の1を占めている。この2種類のアミノ酸だけでほぼ半分。アミノ酸摂取という観点からは効率が悪いのである。おまけにプロリンの約半分は水酸化という修飾を受けていて、再利用できないときている。まことに以てコストパフォーマンスの悪い食材と言わねばならないだろう。

コラーゲンにちょっと熱が入りすぎ、口をきわめてコラーゲンの広告の攻撃をしているようでみっともないが、実は私の専門の一つがコラーゲンなので、余計に関心が向かうのである。

1984年から86年にかけて、私は米国の国立衛生研究所（NIH）にある国立がん研究所で客員准教授として働いていた。その時、コラーゲンの合成に必須の分子シャペロンHSP47を発見し、それ以来、HSP47およびコラーゲンに関して、30年にわたって研究を続けてきたのである。分子シャペロンは後に説明することになるが、あるタンパク質が正しく構造を形成し、成熟するのを助けるタンパク質のことである【図19】。HSP47については、その発見だけでなく、遺伝子のクローニング（遺伝子を純粋に取り出し、増やせるようにする作業）から、その機能、病態との関わりについてまで、（構造の決定など一部は外国の他の研究室に先を越されたが）主要な仕事はほぼすべて私の研究室で明らかにしてきたという自負がある。現在も、肝硬変や肺や腎の線維化疾患の治療薬開発に向けて、HSP47をターゲットにした研究を継続中である。(注10)

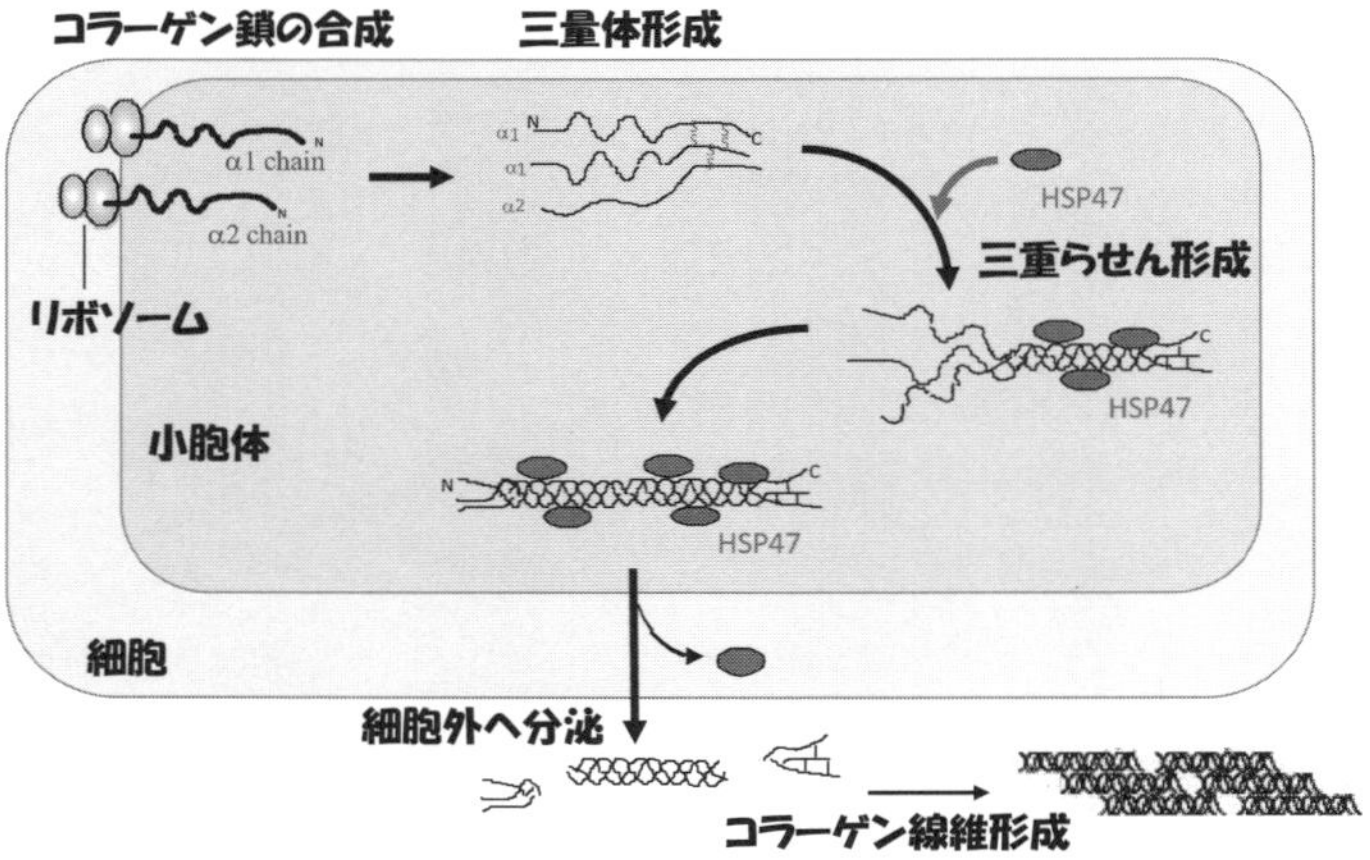

【図19】 コラーゲンの合成過程と、必須の分子シャペロンHSP47

ＨＳＰ47は世界のどこに行っても、いちおうNagataのタンパク質ということになっており、私のライフワークの一つになっている。そんな経緯から、コラーゲンを食べたり、飲んだりすることで、いかにも肌が若返るかのような広告を見ると、年甲斐もなく腹立たしい思いをこらえきれないのである。

プラセボ効果（偽薬効果）というのもあることだし、コラーゲンの効果を信じていて、軟骨を食い、あるいはサプリメントを飲んで、肌が若返ったように感じられればそれはそれで幸せなことなのかも知れない。そう目くじらを立てることもなかろうと、いっぽうでは思いつつ、しかし、一般の人々の科学的知識の不完全さにつけ込むようにしてなされる広告に、いつも腹が立つ。何より確信犯的に、一部科学的知識を持ちこみながら、なんら科学的根拠のない効果をもっともらしく見せようとする広告に、あるいはそれに間接的に関与している研究者に腹立たしい思いがするのである。

テニスコート一面分の小腸

人は「生きるために食べるべきで、食べるために生きてはならぬ」と言ったのはソクラテスらしいが、生きるためには食べなければならない。では、食べるということは科学的にはどういうことなのだろう。

もちろん栄養を摂るためだという答えがかえってくるだろう。栄養学をかじったことのある人なら三大栄養素という言葉がすぐに思い浮かぶはずである。タンパク質、脂質、そして炭水化物。タンパク質は肉に、脂質は油に含まれ、そして炭水化物には糖と食物繊維があり、穀物に多く含まれる。

それにビタミン、ミネラルを加えて五大栄養素と呼ばれることもあるが、化学的には、タンパク質の摂取はすなわちアミノ酸を摂ることであり、炭水化物に含まれる糖からはエネルギーを得ている。脂肪も効率のいいエネルギー源である。もちろん水を日常的に摂ることは必須である。

さて、これら食物に含まれる栄養素を摂るとは、食べたものがそのまま体内に取り込まれることではない。第1章で述べたように、口のなかはトポロジー的には外部であり、口からつながる一本の消化管は、肛門にいたるまですべて私たち人間の外部である。外部を移動している限りは、栄養素は「取り込んだ」ことにはならない。どこかで「体内」に取り込む必要がある。

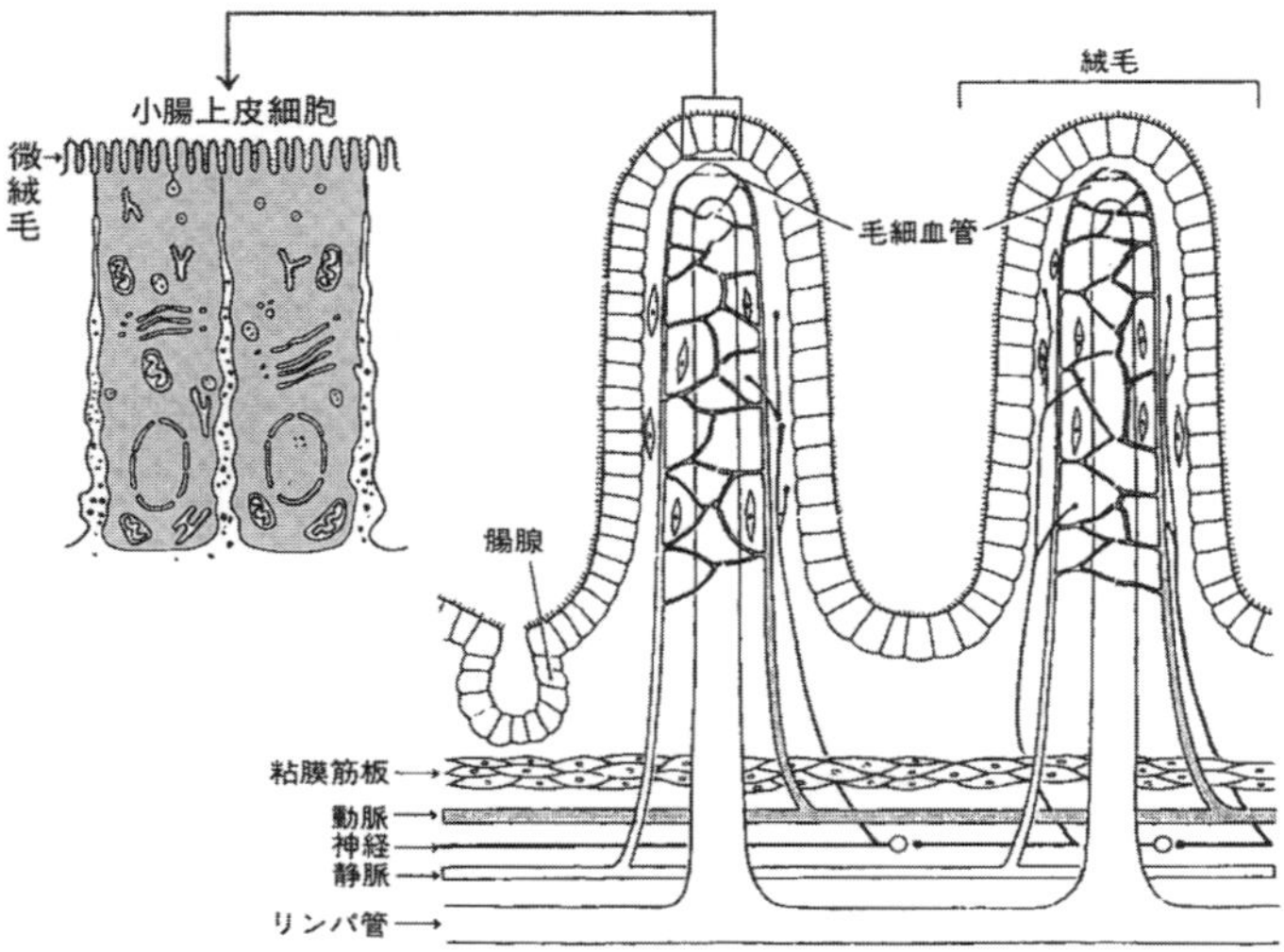

【図20】 小腸と小腸（粘膜）上皮細胞。『シンプル生理学』（南江堂）より一部改変

栄養摂取の主たる場は、小腸である。小腸は一層の上皮細胞（注11）からなる管である。一層のと言ったが、効率よく吸収を行うために、小腸の構造は複雑に入り組んでいる。

小腸の内側の表面には、絨毛《じゅうもう》と呼ばれる長さ1ミリほどの突起が無数に並んでいる（【図20】）。絨毛のなかには、毛細血管やリンパ管が走っており、小腸から吸収された栄養素は、この血管へ取り込まれて、全身へ運ばれる。絨毛があるおかげで、つるつるの管である場合よりも表面積は約30倍も大きくなる。

しかし、表面積を増やそうという工夫はそれだけでは終わらない。この絨毛の表面には、一層の小腸上皮細胞（栄養吸収細胞、粘膜上皮細胞とも呼ばれる）が並んでいるが、その個々の上皮細胞の表面には、多数の微絨毛があり、刷子縁《さっしえん》と呼ばれる特殊な構造を作っている（【図20】）。この微絨毛のお蔭で表面積はさらに増え、もとの600倍にもなるという。小腸は直径4センチメートル、全長6～7メートルほどの管であるが、このように絨毛にさらに微絨毛が積算されることによって、全体として表面積は200平方メートル、じつにテニスコート一面分ほどの面積を持つことになる。言い換えれば、それくらいの広さの吸収面積を持たないと、ミクロの大きさにまで消化・分解してきた栄養物を効率的に吸収できないということなのである。

さらにこの吸収を効率的にするために、小腸全体も絶えず運動を行っている。絨毛の下層には筋組織があり、一定の間隔で管を細くしたり、また蠕動《ぜんどう》運動によって食べ物を前方へ押し出したりしつつ、食べ物を絶えず攪拌し、小さく分断しつつ、小腸上皮細胞にまんべんなく接触させているのである。実際、この筋組織の存在によって、全長6メートルほどの小腸は、我々のお腹にあるときは3メートルほどにまで縮んでいる。

細胞同士を密着させる

消化管の内部は、実は外部であると述べてきたが、それでは外部と内部は何が区画しているのかと言えば、それは消化管の内壁を作っている一層の上皮細胞である。上皮細胞とは、その名の通り、上の皮となる細胞、すなわち器官や体表面を覆うように敷石状にびっしり並んだ細胞である。小腸の絨毛には一層の小腸上皮細胞が並び、小腸の内腔《ないくう》側（外部）と私たちの内部とを隔てている。

細胞膜がそうであるように、この小腸上皮細胞による個体の内部と外部の区画も、二面性をもっている。すなわち画然と区画を行わなければならないという側面と、区画はしつつものの出し入れを行えるものであらねばならないという側面である。区切っているだけではたちまち栄養物の摂取ができなくなり、個体としての死に直結する。

先に栄養物の吸収のために、個々の細胞が微絨毛を発達させ、表面積を飛躍的に大きくしていることを述べた。ここでは逆に、いかにして細胞と細胞の隙間をしっかりシールし、腸の内部の汚い環境が、生体の内部に侵入することのない工夫をしているかについて、見ておくことにする。この障壁がしっかりしていないと、腸のなかの環境がそのまま私たち内部に侵入してしまうことになる。

第3章でも書いたことだが、大腸には多く見積もって、1000種類、1000兆個ほどのバクテリアが棲んでいる。

清潔・不潔はたぶんに個人の感覚によって左右されそうだが、腸のなかはやはり清潔とは言えないだろう。「清潔」とは、「ばいきん・きたないものやよごれを取り除き、きれいにしてある様子」(『新明解国語辞典』)なのだそうである。バクテリアがうようよといる腸内は、清潔であるとは言えず、やはり不潔というほかはない。虫垂炎などで、腸を作る膜に穿孔などが起こると、たちまちに腹膜炎を発症し、ひどい場合には死亡するが、これは腸内の細菌が「体内」に侵入し、腹膜に炎症を起こす例である。やはり、腸の内部（ヒトの外部）は「不潔」なのである。

　そのような不潔な体外から厳密に内部を区画するために、隣りあう小腸上皮細胞同士の間には、特別の工夫がなされている。【図21】に上皮細胞同士の接着の様子を模式的に示している。

　上皮細胞の内腔側に飛び出している突起が先に述べた微絨毛である。こちらを上辺（注12）（アピカル）側と言う。それに対して細胞同士が接触する側面と上皮細胞の底面にあって基底膜と接触している面とを併せて、側底面（バソラテラル）側と言う。上皮細胞同士は、この側底面で互いに接触し、かつ基底膜上に固定されているのである。

　よく見ると、細胞と細胞のあいだに四つの接触個所があるのに気づく。上皮細胞同士の接触には、ほとんどの場合、どの細胞間にもこの四つの接着装置が備わっている。

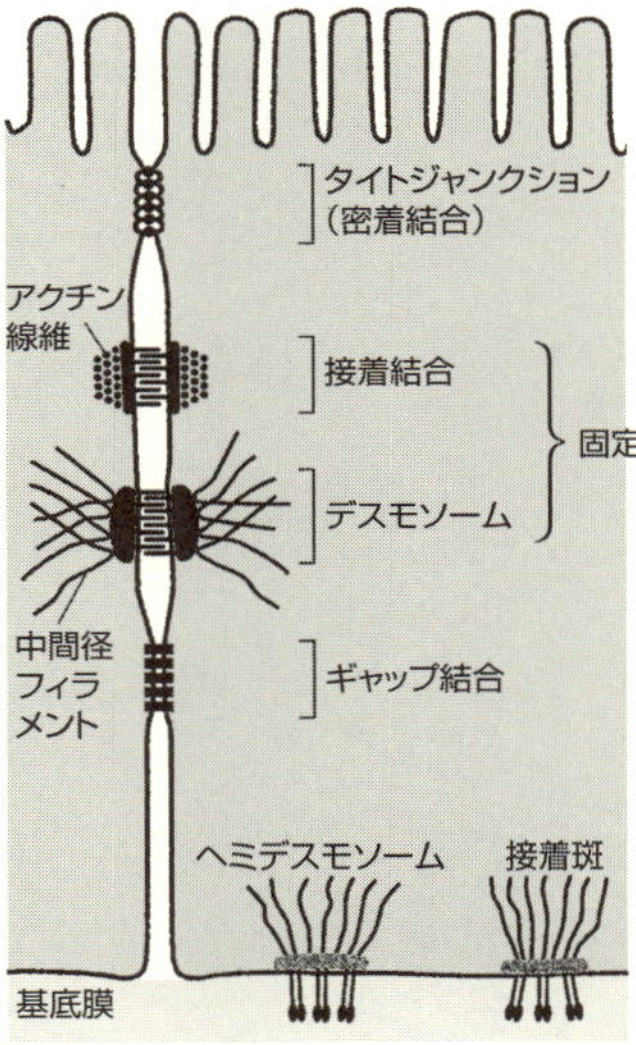

【図21】 細胞接着装置

　もっとも上辺側に近いところにあるのがタイトジャンクション（密着結合）と呼ばれる接着装置である。これは【図22】に見られるように、膜と膜をミシンで縫ったように接着させている。実際、膜を電子顕微鏡で観察してみると、ミシンで縫ったような網目模様が無数に見られる。膜はリン脂

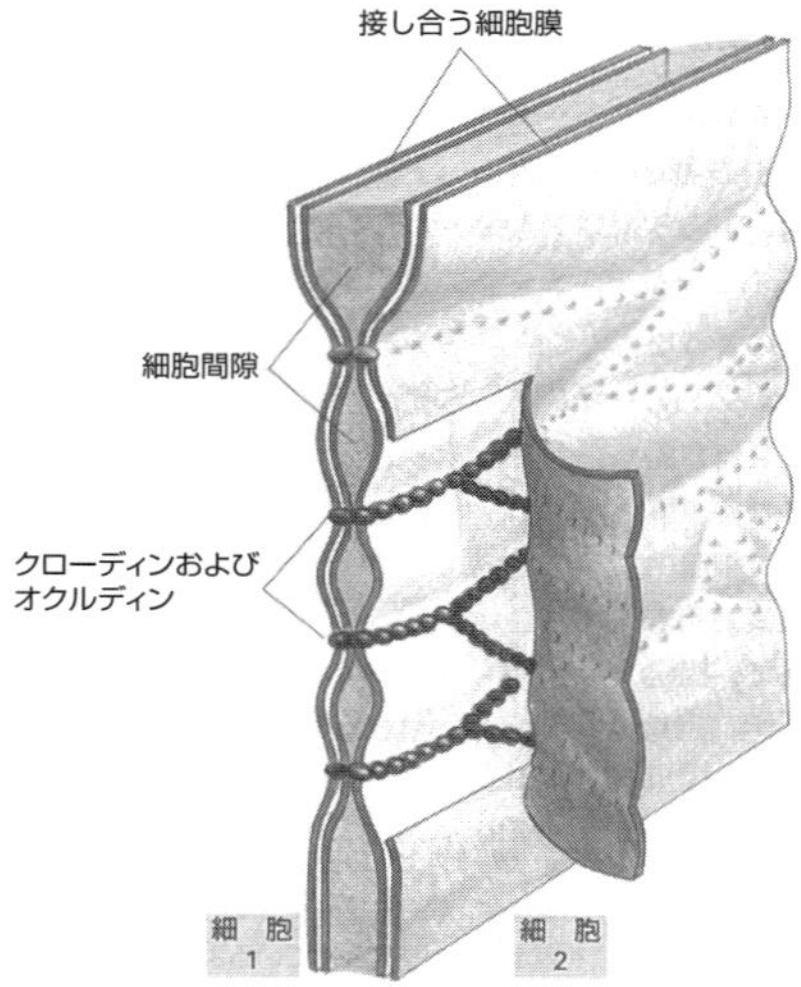

【図22】 タイトジャンクション（密着結合）。『細胞の分子生物学（Molecular Biology of the Cell）』（ニュートンプレス）より転載。

質の二重層からなるそれ自体とても流動性の高い構造である。布なら糸で縫うのであるが、ここでの縫いあわせの糸にあたるものは、当然のことながら、タンパク質である。二つの細胞のそれぞれの膜には膜貫通タンパク質が並んでいる。それが互いに膜の外側で結合することによって、タンパク質による縫い目を作るのである（【図22】）。

　このタンパク質がクローディンとオクルディンという2種類のタンパク質である。ともに膜を4回貫通するタンパク質であり、クローディン同士、オクルディン同士が膜の外側で結合する。この二つのタンパク質が互いに結合することで、隣り合う細胞の膜同士が縫われたように強く接触する。

　このタンパク質は実は二つとも、日本人によって発見された。京都大学大学院医学研究科の教授であった故月田承一郎博士（【写真4】）である。これらのタンパク質の名前も月田博士によってつけられ、クローディンは閉じるという意味の、オクルディンは塞ぐという意味のラテン語から取られている。タイトジャンクションの発見以来、この構成タンパク質の実体解明は多くの研

究者がしのぎを削っていた研究対象であったが、月田博士の発見は、世界に誇るべき日本発の成果であった。(注13)

タイトジャンクションはどういう役割をもっているのだろう。まず第一に、細胞と細胞のあいだを閉塞するという役割が重要である。細胞の上辺は腸の内腔に面している。そこから腸内の液体やバクテリア、あるいは消化物の細片が細胞のあいだから漏れ出して、上皮細胞層の内側に少しでも入ってくるとたいへんなことになる。それをシールドするというのがタイトジャンクションの第一の役割である。細胞と細胞は、いちばん上辺でタイトに結合しているので、その下の細胞間スペースには溶液は漏れ出してこない。つまり外部と内部のバリアとして機能しているのである（【図23】）。タイトジャンクションは別名「閉塞結合」とも呼ばれるが、このような機能を意味している。

【写真4】 故月田承一郎博士

タイトジャンクションのもう一つの大切な役割は、フェンスとしての機能である。細胞膜にはさまざまな膜タンパク質が組み込まれている。「流動モザイクモデル」として示したように、それらは膜の脂質二重層のなかをふらふら泳いでいる。

あとで説明するように、特に小腸上皮細胞ではさまざまの分子を腸内から内部に取り込むために、はっき

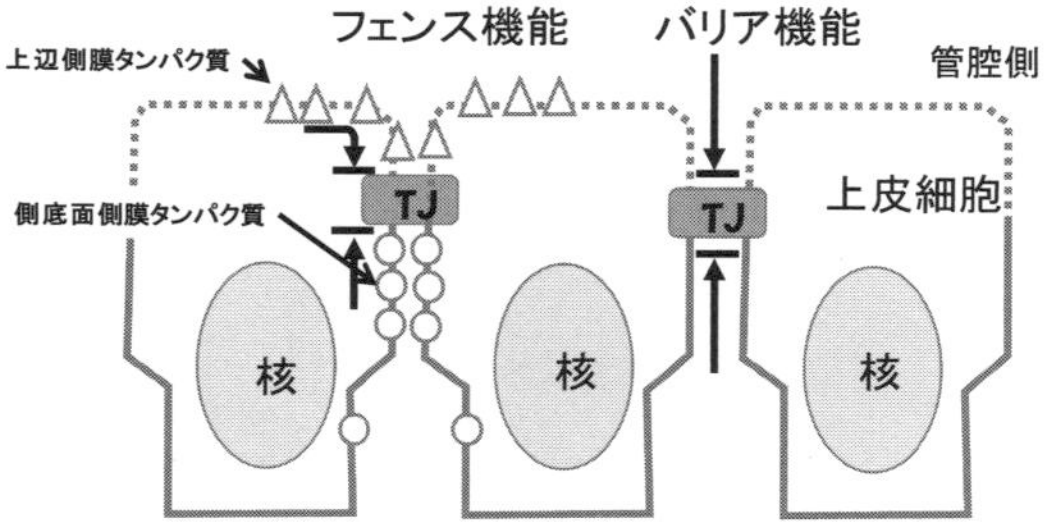

【図23】　タイトジャンクションのフェンス機能とバリア機能

りしたタンパク質の機能分担があり、上皮細胞の上辺で働くタンパク質と側底面で働くタンパク質とははっきり分かれていなければならない。縄張りを越えて紛れこんでしまっては、栄養の吸収などに著しい障害が及ぶ。例えば、アミノ酸を取り込むタンパク質と排出するタンパク質が、細胞の上辺に同じように分布していたら、せっかく取り込んだアミノ酸もまた同じ側に排出されてしまうことになり、何をやっているのかわからない。

余所者《よそもの》に入ってきてもらっては困るところには、フェンスを張り巡らして入れないようにするだろう。タイトジャンクションは、膜平面に張り巡らされたフェンスとして機能し、上辺のタンパク質が側底面へ移動すること、逆に側底面のタンパク質が上辺へ移動することを阻止しているのである（【図23】）。柵を張り巡らして、牧場の外へ牛を逃がさないようにしているのである。

多細胞生物の造形美

タイトジャンクションのほかに、別の接着装置も備わっている。簡単に触れておこう。

タイトジャンクションの下には二つの固定結合と呼ばれる結合装置がある。より上辺にあるものを接着結合、下方のものをデスモソームと呼ぶ。

タイトジャンクションをミシンで互いに密着させると説明したが、接着結合のほうは、マジックテープのようなものだよと説明することが多い。マジックテープは面ファスナーとも言われるが、二つの面に作られた突起が、互いに噛みあいつつ、双方を接触させ、つなぎ止める仕掛けである。接着帯と呼ばれる構造が、鉢巻きのように細胞を1周しているが、やはり膜貫通タンパク質同士が細胞の外側で互いに結合することで、細胞をマジックテープのように結びつけているのである。この接着に働いているタンパク質はカドヘリンと呼ばれるもので、カルシウムイオンがあると互いに接着できる(【図24】)。カドヘリンもわが国が世界に誇る発見であり、理化学研究所、発生・再生科学総合研究センター長であった竹市雅俊博士(【写真5】)が、京都大学の助教授であった頃に発見された分子である。

カドヘリンは同じタイプのカドヘリン同士が接着するという性質を持っている。肝臓の細胞と腎臓の細胞をばらばらにし、それを一緒に混ぜ合わせて、しばらくフラスコのなかで揺らし

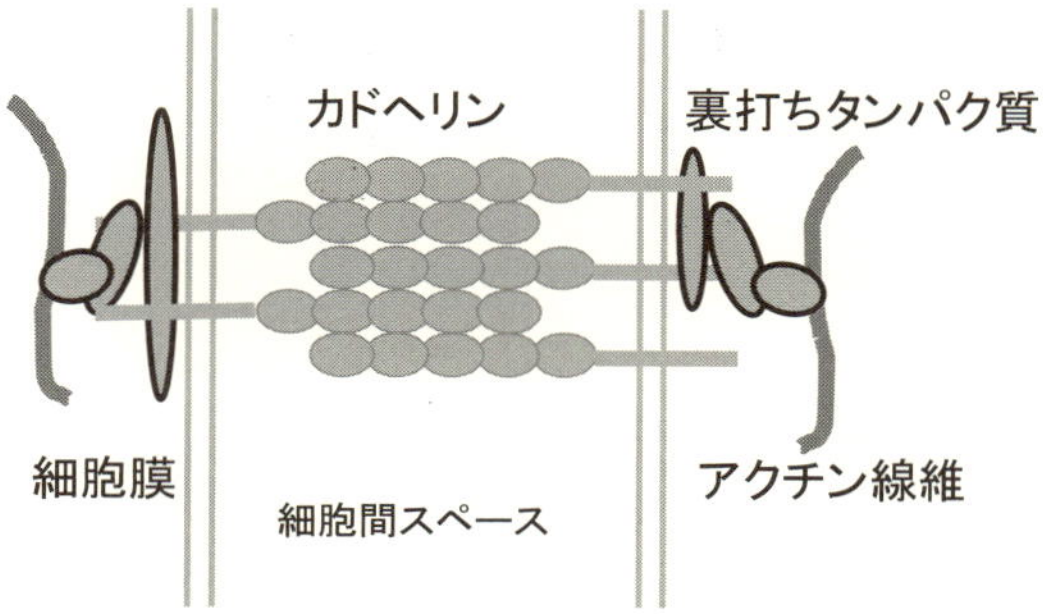

【図24】 カドヘリンによる細胞接着

【写真5】 竹市雅俊博士

てやる。そうするとやがて、肝臓の細胞は肝臓の細胞同士、腎臓の細胞は腎臓の細胞同士が集まって、塊を作る。決してそれらが混じり合った塊とはならない。それぞれの細胞表面に発現しているカドヘリンの種類が違うからである。

生体において、肝臓の細胞同士がなぜ結合するのか。肝臓の細胞と神経細胞が、なぜモザイクのように入り乱れて組織を作らないのか。このような細胞生物学のもっとも基本的な謎に、明確な解答を与えたのが、竹市博士によるカドヘリンの発見であった。

カドヘリンはもう一つの接着装置デスモソームにおいてもやはり接着のために働いている分子である。デスモソームも隣り合う細胞膜同士をくっつける装置であるが、タイトジャンクションや接着結合がミシン目やマジックテープによる接着であったのに対して、これはボタンのような接着装置である。ボタンによって膜と膜をくっつけている。[注14]

デスモソームの下方には、もう一つ細胞膜同士の近接した部分があり、ギャップ結合と呼ばれる。それぞれの膜に6個の膜タンパク質が円形に集合し、パイプのような中空の構造を作る。隣り合う細胞同士のこのパイプが両方からぴったりくっつきあうことによって、細胞と細胞のあいだで、低分子が通ることのできるチャネルを作っているのである。壁に設えた伝声管のようなものを想像すればいいだろうか。ギャップ結合は、接着そのものに関与するというよりは、互いに密着したチャネルにより、イオンやその他の低分子物質を自由に通過させることによって、隣接する細胞間で、ある種の信号を伝達しあうための装置である。

心臓は一定のリズムで、多数の心筋細胞がシンクロナイズした動きをしなければならないが、心筋細胞同士もこのギャップ結合を介して、カルシウムイオンなどの伝播を行ない、収縮運動をシンクロさせている。

四つの細胞接着装置について述べてきた。上辺側から、タイトジャンクション、接着結合、デスモソーム、そしてギャップ結合である。これらの接着装置は、多細胞生物を構成する基本的な装置である。多細胞生物は、単なる単細胞の集合体ではない。細胞と細胞が互いにダイナミックに接着・解離を行いつつ、全体として整然とした細胞の集合体を作らなければならない。このような集合体の単位を「組織」と呼ぶのである。

つけ加えておけば、それぞれの細胞のあいだには、どの細胞もこんなに手の込んだ接着装置を形成しなければ上皮細胞としての役割を果たせないのである。世界のどんな匠もぜったいに作ることのできない、極微の世界の造形美を感じるほどだ。

にもかかわらず、である。これら小腸上皮細胞の寿命は、せいぜい5日。絨毛の下方で生まれた上皮細胞は、順に上方へ移動し、吸収の活発に起こっている上方にまで到達すると、ほとんど1日で死んでしまう。小腸のなかへ脱落してしまうのである。私たちのうんちの固形成分の3分の1は、このような小腸上皮細胞の残骸である。なんという勿体ないことかと思わざるを得ないが、過酷な労働に従事することで、寿命も短くならざるをえないのだろう。

外から内へ栄養素を取り入れる

動物が食物を食べて、それが栄養として吸収されるためには、消化と吸収という二つの過程を経る必要がある。肉などのタンパク質は胃に入ると、胃液に含まれる酵素によって部分的に分解され、ペプトンとなる。ペプトンは、膵液中に含まれるトリプシンなどの消化酵素によって、アミノ酸やオリゴペプチドにまで分解され、小腸で吸収される。

炭水化物は唾液中に含まれるアミラーゼ(注15)によってマルトースやデキストリンに分解される。白米などをよく咀嚼すると甘く感じるのは、マルトースなどの糖ができることによる。これらは、膵液や腸液に含まれる糖を分解する酵素類によって、最終的にはグルコース、フルクトース、ガラクトースなどの単糖類にまで分解され、小腸で吸収される。

脂肪類は、胆汁中に含まれる胆汁酸やレシチンなどによって微小な粒（脂肪滴）になり、膵液中の消化酵素リパーゼなどによって、グリセロールや脂肪酸などに分解されてから腸管から吸収される。

消化酵素は膵液、腸液などに多く含まれるが、膵臓が作りだす膵液は、1日に実に1・5リットル、十二指腸・小腸から分泌される腸液も1日に約1・5〜3リットルもの量が作られるというから驚きである。単なる液を作っているのではなく、膵液や腸液のなかに含まれる、さまざまの消化酵素（もちろんタンパク質である）を作り出しているのである。

脂肪の乳化に必要な胆汁も1日約0・5リットル作られるという。膵液と胆汁は十二指腸へ直接送りだされるが、膵液はアルカリ性であり、これによって、胃液の酸を中和するのである。中和しておかないと、小腸の細胞はたちまち死んでしまう。

栄養物の吸収にもっとも大切なのは小腸であるが、小腸で吸収できるようにするためには、そこに至るまでに、大きな分子（高分子）から小さな分子（低分子）にまで分解しておく必要がある。消化酵素はそのために必要なのであり、タンパク質はアミノ酸に、炭水化物はグルコースなどの単糖に、そして脂肪はグリセロールや脂肪酸などにまで消化分解され、小さな分子として小腸から吸収される。

小腸は一続きの小腸上皮細胞によって作られており、この上皮細胞間にはタイトジャンクション（密着結合）という結合があって、水も漏らさぬ厳密なバリアとして機能していることを述べた。外部に対して内部を閉ざしているのである。それではどのようにして栄養物はこのバリアを通過して、私たちの身体の内部へと運び込まれるのだろうか。言い換えれば、どのようにして「閉じつつ開く」という難問を解決しているのであろうか。

取り込みたい栄養素は、細胞と細胞の隙間から入るのではなく、上辺側から、細胞の膜を介して、いったん小腸上皮細胞の中に入り、そののちに、細胞を横切るように、次には側底面側から細胞の外（血管など）へ送り出される。これは細胞横断輸送と呼ばれる（【図25】）。

栄養素のうち、エネルギーの素になるグルコースと、もう一つ、タンパク質合成の素材として重要なアミノ酸の吸収を例に見ることにしよう。まずはグルコースから。

糖の取り込み・エネルギーの確保

炭水化物はグルコースなどの単糖あるいはもう少し大きいオリゴ糖にまで分解されて小腸から吸収される。その代表格はグルコースであろう。グルコース濃度は、小腸内腔は細胞内に較べて低い。グルコースは極性基をもっているので、細胞膜を通過できず、細胞の内外で濃度の差が生まれる。

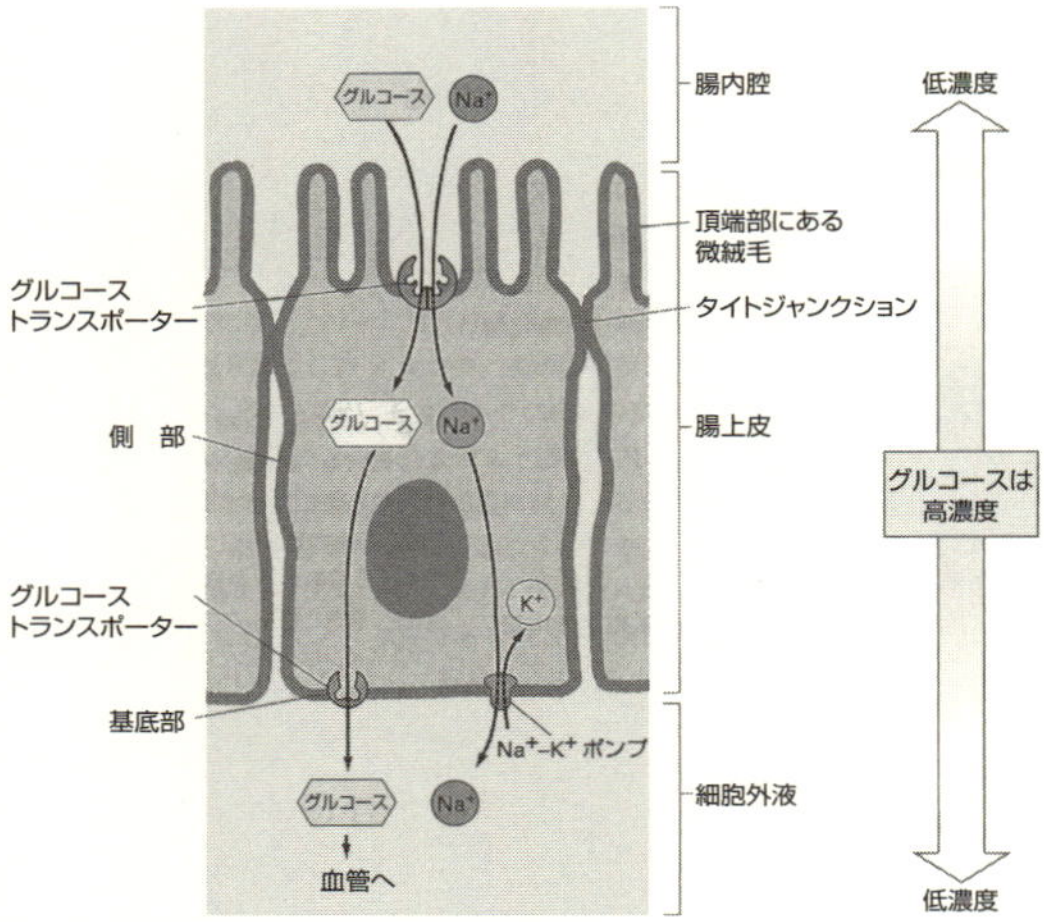

【図25】　グルコースの細胞横断輸送。『細胞の分子生物学（Molecular Biology of the Cell）』より一部改変

小腸上皮細胞の微絨毛にはグルコースの運搬体（トランスポーター）がある。トランスポーターももちろんタンパク質で作られている。このトランスポーターによってグルコースを濃度勾配に逆らって細胞内に取り込むのである（【図25】）。

濃度の低いところから、高いところへ取り込むためには、取り込むためのエネルギーが必要である。低いところにある水を、上手の上まで運ぶのには、ポンプが必要であるが、ポンプを動かすためには当然のことながら、電気にせよガソリンや灯油にせよ、エネルギーが必要なのである。生体内のエネルギーとしていちばん一般的なのは、ＡＴＰという分子であるが、ここではＡＴＰを用いるのはもったいないということで、じつにうまい工夫をしている。このトランスポーターは、ナトリウムイオン（Na^+）と一緒にグルコースを取り込むことができるのである。

Na^+は細胞外の濃度が細胞内に較べて10倍ほど高い。だからNa^+は、水が高いところから低いところへ流れるように、自然に細胞に入ろうとする。この時、トランスポーターがNa^+と同時にグルコースを抱え込んでいると、Na^+の取り込みによって生まれるエネルギーをグルコースの取り込みのために使うことができる。これは「共役輸送」と呼ばれる仕組みである。風船を水に沈めることはできないが、風船と一緒に錘をつけてやると、錘が沈もうとする力によって風船を水のなかに沈ませることができる。そんな風に考えてもいいだろう。

細胞内に取り込まれたグルコースは、血液に乗せて必要な器官にまで運ばなければならないが、そのためにはまず取り込んだ細胞から血管のある反対側（側底面側）にグルコースを放出することが必要である。この輸送は側底面側にある別のグルコーストランスポーターによって行われる。細胞外のグルコース濃度は低いので、今度は濃度に従う単純な拡散であり、エネルギーは不要である。二度の膜透過によって体の内部へ取り込まれたグルコースは、絨毛の内側にある毛細血管を通じて【図25】、全身へ、そして肝臓へ運ばれることになる。

このように、グルコースの取り込みでは、二つの運搬体（トランスポーター）をうまく使いこなし、濃度の低いところから高いところへ膜を通過させ、もう一度、高い方から低い方へ再び膜透過を行って取り込むのである。(注16)先に述べたように、この2種類のグルコーストランスポーターは、膜上での位置が重要である。側底面側のトランスポーターが上辺側にくれば、せっかく取り込んだグルコースを逆に戻してしまうことになる。二つのトランスポーターが同じ側に入り混じっていては、取り込みに著しい障害が起きる。

それを支えているのが、タイトジャンクションのもうひとつの機能、フェンス機能なのである。タイトジャンクションがあることによって、上辺側の（細胞内へ取り込む）トランスポーターは、側底面側には行かず、逆に側底面側のものは、上辺側へ行くことはない。このように膜の上でも、それぞれのタンパク質は本来あるべき場所にとどめられているが、それを繋留ないしは堰き止めるのもまたタンパク質（タイトジャンクション）の役割なのである。

（注9）アミノ酸が数個、または十数個繋がったものをオリゴペプチドと言う。オリゴは数個の意味。ペプチドは一般にアミノ酸の繋がったものを言うが、アミノ酸同士はペプチド結合という結合様式で連結されるので、そのように呼ぶ。
（注10）各種線維化疾患では、コラーゲンとともに、例外なくＨＳＰ47の発現が昂進している。線維化疾患

とは異常にコラーゲンの蓄積する病態であり、コラーゲンが蓄積するためには、その分子シャペロンであるHSP47が同時に発現昂進していなければならないわけで、これは生物学的に理に適っている。だからHSP47を何らかの方法で抑えてやれば、線維化は抑えられるはずだというのが私たちの考えた戦略であり、すでに多くの論文として報告してきた。最近、私のまったく関知しないところで、日欧の企業のあいだで、線維化疾患の治療に向けて、HSP47をターゲットにした大型の共同研究契約が交わされたことを知って驚いた。臨床への応用という面で、先を越されてしまったことは残念であるが、HSP47がそれほど大きく注目される分子であったことを喜ぶとともに、現在のところ治療法のない線維化疾患の治療法として、HSP47をターゲットにしたこの方法が確立してくれることを願うばかりである。

（注11）皮膚、消化管、呼吸器、泌尿生殖器など、外部となんらかの接触面を形成している組織を構成する細胞。上皮同士は強い細胞間接着によって隣の細胞と密接な接触をしている。単層の場合もあれば、何層にも積み重なった重層上皮もある。血管の内腔を作っている細胞は血管内皮細胞と呼ばれるが、上皮細胞の一種である。

（注12）上皮細胞とその下の結合組織の間に存在する膜構造。上皮細胞の配向や安定的な層構造は、基底膜との接触によって担われている。膜と言っても基底膜には脂質は含まれていない。基底膜を構成するタンパク質の主なものには、Ⅳ型コラーゲンやラミニンなどがある。

（注13）これら二つのタンパク質の発見があり、さあこれからタイトジャンクションの謎が解明されると期待されていた矢先、月田承一郎さんが膵がんのために亡くなったのは、痛恨の出来事であった。52歳という若さ。

月田さんとは、ともに日本細胞生物学会のメンバーということもあり、同じ大学で、かつ研究分野も近く、親しい友人のひとりであった。ブルガリア生まれの思想家、エリアス・カネッティに「重要なのは、人がその最期にあたって何をまだ計画しているのかということだ。それが、彼の死にどれほどの不公正さがあるかの尺度になる」という言葉があって印象に残っているが、まさに新発見があり、これから研究が新たな展開を見せようという矢先の、あまりにも若い死は、なによりカネッティ言うところの「不公正（アンフェア）」だという思いを、私たち残された研究者に強くもたらしたのであった。

（注14）二つの固定結合、接着結合とデスモソームは、細胞と細胞の接着だけでなく、細胞と基質（基底膜）との接着にも働いている。上皮細胞が一層の敷石状に並ぶのは、上皮細胞が基底膜と呼ばれる膜状の組織に接着することによって、基底膜上に並ぶことで可能となっている。この細胞と基質との間の接着は、細胞―細胞間の接着結合に相当するのが接着斑、そしてデスモソームに相当するのがヘミデスモソームである。

（注15）膵液や唾液に含まれる消化酵素。糖分解酵素の一つであり、デンプンなどをブドウ糖やマルトースなどの単糖、二糖類にまで分解する。

（注16）少し注意深い読者のために、もう一点だけ指摘しておこう。細胞外のNa^+の濃度は細胞内の10倍ほど高い。だからNa^+の輸送と共役してグルコースを運ぶことができたのである。ではそうしてNa^+を取り込み続ければ、細胞内のNa^+濃度は高くなりすぎてしまうだろう。これを細胞外に汲み出すのはどうするのか。

ここでＡＴＰのエネルギーを利用して、Na^+を細胞外に汲み出すポンプが登場する（Ｐ98【図25】）。このポンプは、単にNa^+だけを汲み出すのではなく、同時にもう一つの仕事もする。Na^+を汲み出すのと同じポンプを使って、カリウムイオン（K^+）を逆に細胞外から細胞内に汲み入れているのである。Na^+と反対に、K^+の濃度は、細胞内が10倍以上高い。どちらも濃度勾配に逆らって仕事をしなければならず、エネルギーが必要である。このNa^+-K^+ポンプは、１分子のＡＴＰのエネルギーを使って、３分子のNa^+を汲み出し、同時に２分子のK^+を汲み入れている。なんと効率的な工夫だろう。このようにして、細胞内のNa^+濃度は低く、K^+濃度は高く保たれることになる。見事な恒常性（ホメオスタシス）の維持機構の一例である。

第5章　タンパク質の合成と輸送

アミノ酸の吸収

食物中のタンパク質は、胃内のペプシンという消化酵素によって部分的に分解され、次いで十二指腸でトリプシンなどの分解酵素によって、アミノ酸やそれが2個、ないし3個つながったオリゴペプチド（オリゴは数個という意味だが、ここでは2個および3個のアミノ酸がつながったそれぞれジペプチドおよびトリペプチドを指す）にまで分解される。この過程でタンパク質全体の30％はアミノ酸に、残りはオリゴペプチドにまで分解される。

興味深いことに、小腸の微絨毛にはオリゴペプチダーゼというオリゴペプチドに特異的に働く分解酵素が存在している。オリゴペプチドの一部は、この分解酵素によってアミノ酸にまで分解されてから吸収される。なぜ微絨毛でアミノ酸にまで分解されるのだろうか。

この答えが凄い。ちょっと辻褄を合わせすぎだろうという気がしてしまうが、それはバクテリアにみすみす大切なアミノ酸を横取りされないための仕組みなのだそうだ。もしオリゴペプチドが小腸の管腔内でアミノ酸にまで分解されてしまうと、それらは腸に常在している細菌（バクテリア）に栄養として使われることになり、過剰な増殖を引き起こすことになる。バクテリアが入り込めない微絨毛の内側（隙間）でアミノ酸にまで分解することによって、それがバクテリアに利用されてしまうのを防いでいるのだと言う。これをセコイと見るか、賢いと見るかは、個人の自由である。

小腸上皮細胞にはアミノ酸を取り込むアミノ酸トランスポーターが存在している。これももちろん膜タンパク質であり、アミノ酸を細胞膜を越えて細胞内に運び込む役割を持っている。アミノ酸は20種類以上あるのだが、トランスポーターはもっと数が限られており、複数のアミノ酸が一つのトランスポーターによって運び込まれる。つまり融通を利かせるのである。何種類かのアミノ酸を運び込むことはできるが、一回に運び込むことができるのはアミノ酸一分子だけである。この意味からはかなり非効率的な吸収だと言えるかもしれない。

ジペプチドおよびトリペプチドなどのオリゴペプチドには、別のトランスポーターが用意されている。細胞内に入ったオリゴペプチドは、細胞内の分解酵素によって最終的にアミノ酸にまで分解され、アミノ酸は次に細胞の側底部の膜に存在するアミノ酸トランスポーターによって、今度は血中へ輸送され、全身の細胞へ運ばれることになる。アミノ酸を素材にしてタンパク質を合成するためである。

タンパク質はアミノ酸が線形に繋がったものである。平均すると３００個ほどのアミノ酸が一列に繋がって（これをポリペプチドと呼ぶ）、ひとつのタンパク質を作る場合が多いが、巨大なタンパク質の場合は、数千個のアミノ酸がつながってひとつのタンパク質を作る場合もある。(注17) またコラーゲンのように、3本のポリペプチドが互いに三重らせんとして巻き付いて、ひとつのタンパク質分子を作る場合もある。

タンパク質の合成

DNA上(注18)に書かれた遺伝情報は、四つの文字からなっている。文字にあたるものは、塩基と呼ばれる分子であり、4種類の塩基が並ぶことによって、一つらなりの文字列を作っていると言ってもよい。それらは分子名の頭文字をとって、A（アデニン）、T（チミン）、G（グアニン）、C（シトシン）と表記される（実際にはこれらの塩基に糖とリン酸がついたものが一つの単位〈核酸〉として並び、それがDNAを形作るのであるが、ここでは概念だけを理解していただければ十分である）。

このDNAの情報はあくまで文字列である。文字列は途中で枝分かれすることはなく、一つらなりの情報としてただ一つの意味だけを表わすことが必須である。遺伝暗号とも呼ばれることが多いが、暗号が幾通りにも読めたのでは暗号として成立しない。DNA上の遺伝暗号は、タンパク質を作るための設計図である。この設計図には、20種類のアミノ酸をどういう順序で並べ、何個のアミノ酸を使って一つのタンパク質を作るか、すなわちタンパク質のアミノ酸の配列が書き込まれている。

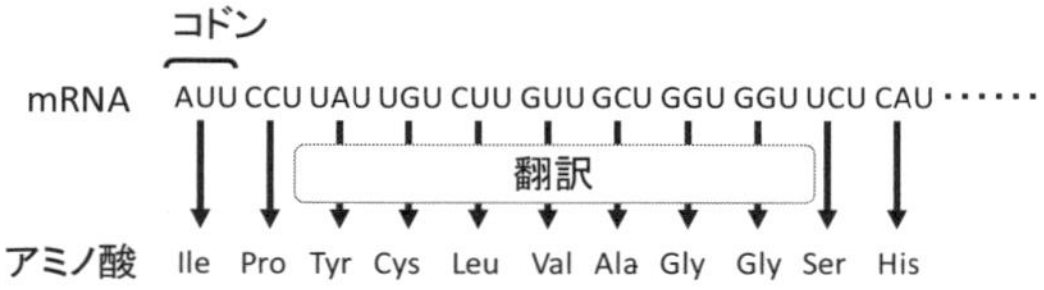

【図26】 4文字からなる塩基を、3つずつ組み合わせることにより、20種類のアミノ酸が読まれ（翻訳され）ている。

注意深い読者なら、それは無理だろうと思うかも知れない。なにしろDNA上の遺伝暗号はたった四つの文字、ATGCだけしかないのである。然るに、アミノ酸は20種類。四つの文字で20種類のアミノ酸を指定するのは無理ではないか、と。実はできるのである。四つの文字列からなる暗号を、二つずつ区切って読めば、4×4で16通りの暗号になるし、それでも足りなければ3文字ずつ区切って読めば、64通りの暗号を作ることができる（【図26】）。

事実、私たちの細胞は、そのようにしてたった4文字しかないDNAの暗号から、20種類のアミノ酸の情報を得ているのである。これはヒトだけではなく、地球上のすべての生物、動物、植物、酵母からバクテリア、古細菌を含めて、すべてが同じ方法を取っている。このことは、もう一つの大切な意味を持っている。すなわち、地球上の生物が、動物植物を問わず、すべて一つの生命体から進化したことを示唆するのである。同じ生命からさまざまに進化したので、同じ方法を用いている。宇宙の他の惑星に生命体があったとしても、このような遺伝暗号を持っている可能性は低いのかもしれない。

塩基の連続した三つずつの組み合わせをコドンと呼ぶ。もちろん三つずつ組み合わせれば、アミノ酸の数以上の暗号ができあがるので、いくつかの暗号が同じアミノ酸を指定するということが必然的に起こるし、事実そのようになっている。たとえばATGというコドンはメチオニンというアミノ酸を指定しており、メチオニンを指定するコドンはATGただ一種類である。ところがロイシンというアミノ酸を指定するコドンは、6種類もあるのである。UUA、UUG、CUU、CUC、CUA、CUGのどれもがロイシンの暗号になっている。このように通常は、一つのアミノ酸を指定するコドンは、2〜6種類存在し、メチオニンともう一つトリプトファンだけが一つのコドンだけを持っている。

DNA上のATGCの文字列を読みつつ、それに対応するアミノ酸を次々につなげていく。簡単に言えば、そのような手続きによって、タンパク質を構成するアミノ酸を順に繋ぐことはできる。概念としてはそれだけなのであるが、実際の細胞中では、もうひと手間かけられている。DNA上のATGCという遺伝暗号は、それを忠実になぞったテープにダビングされるのである。DNAこの写し取られたテープをmRNA（メッセンジャーRNA）と呼ぶ。情報を蔵《しま》っておくにはDNAを使うが、その情報を実際に使うためにはmRNAとして読み出してやらなければならないのである。これを転写と呼んでいる。DNAは核のなかに大切に蔵われているが、タンパク質合成はサイトゾルで行われる。核からサイトゾルへ情報を運ぶ役割をしているのが、このmRNAである。メッセンジャーという呼び方に頷いていただけるだろう。

ひと昔前は、本や雑誌を作る時、活字を拾うという作業が植字工さんによってなされていた。原稿の文字を一文字ずつ読みながら、活字を拾って並べていくのである。mRNAとして読み出された四つの文字を三つずつの単位で読みながら、それに対応するアミノ酸を拾ってきて、次々につなげてゆく。これがタンパク質を合成する作業の中心である。この植字工にあたる分子はｔＲＮＡという RNA分子であり、ｔＲＮＡが働く場を提供しているのがリボソームと呼ばれる巨大なタンパク質複合体である。リボソームのなかでは、ｍＲＮＡ上に写し取られたＡＵＧＣの遺伝暗号に従って、その暗号通りにアミノ酸が並べられ、ポリペプチドが作られることになる。

塩基によって書かれている遺伝情報をアミノ酸配列に読み替えていくこの作業は、分子生物学の言葉で翻訳と呼ばれるが、うまく名付けたものだと思う（もちろん、ここではＤＮＡからタンパク質合成へ至るプロセスの大部分を省略している。分子生物学のもっとも基本であるこの過程をもっと詳しく知りたい方は、拙著『タンパク質の一生――生命活動の舞台裏』〈岩波新書〉を見ていただきたい。見事な美しさに息を呑むことになるはずである）。

タンパク質の構造形成と分子シャペロン

遺伝情報に従ってアミノ酸が一列にならんだものがポリペプチドである。アミノ酸は分子量が１１０前後の比較的小さな分子である。炭素と窒素からなる基本骨格は20種類のすべてに共通するが、側鎖と呼ばれる部分が20種類のアミノ酸すべてで違っている。この違いが個々のタンパク質の特異性を決めている。アミノ酸同士は、共通の基本骨格の部分で順々に繋がってゆく。あるアミノ酸の炭素と、次のアミノ酸の窒素が手をつなぐことによって一列に伸びてゆくのである。

この結合をペプチド結合と言い、そうして作られたアミノ酸の繋がったものをポリペプチドと言う。

アミノ酸の個性は側鎖によって決まる。側鎖には水に溶けにくい(馴染みにくい)疎水性の側鎖と、水に馴染みやすい親水性の側鎖があり、側鎖の性質によって、それぞれ疎水性アミノ酸、親水性アミノ酸などと呼ばれる。

アミノ酸の繋がったポリペプチド、これはまだ一本のヒモである。考えてみればDNA上に書かれた情報は一次元情報である。一本の線の上に文字が並んでいるだけの線形情報である。その一次元の情報をアミノ酸に読み替えたポリペプチドも、それだけではやはり一次元の情報であり、ここには情報の増幅はない。一次元の塩基の配列情報を、一次元のアミノ酸の配列情報に移し替えただけである。

これがタンパク質として機能を発揮するためには、このヒモ(もう少しイメージしやすくするとするならば針金)が、三次元的な形を獲得することが必須である。これは針金をいろいろに折り畳んで針金細工を作るのに似ている。

αヘリックスと呼ばれるらせん状の構造や、βシートと呼ばれるテープ状のシート構造など、微細な構造をまず作り、次にそれらを適宜組み合わせて、全体的な分子の構造ができあがる【図27】)。フォールディング(折り畳み)と呼ばれる過程である。

タンパク質は個々のタンパク質によってすべてその構造が異なっており、コンピュータによっ

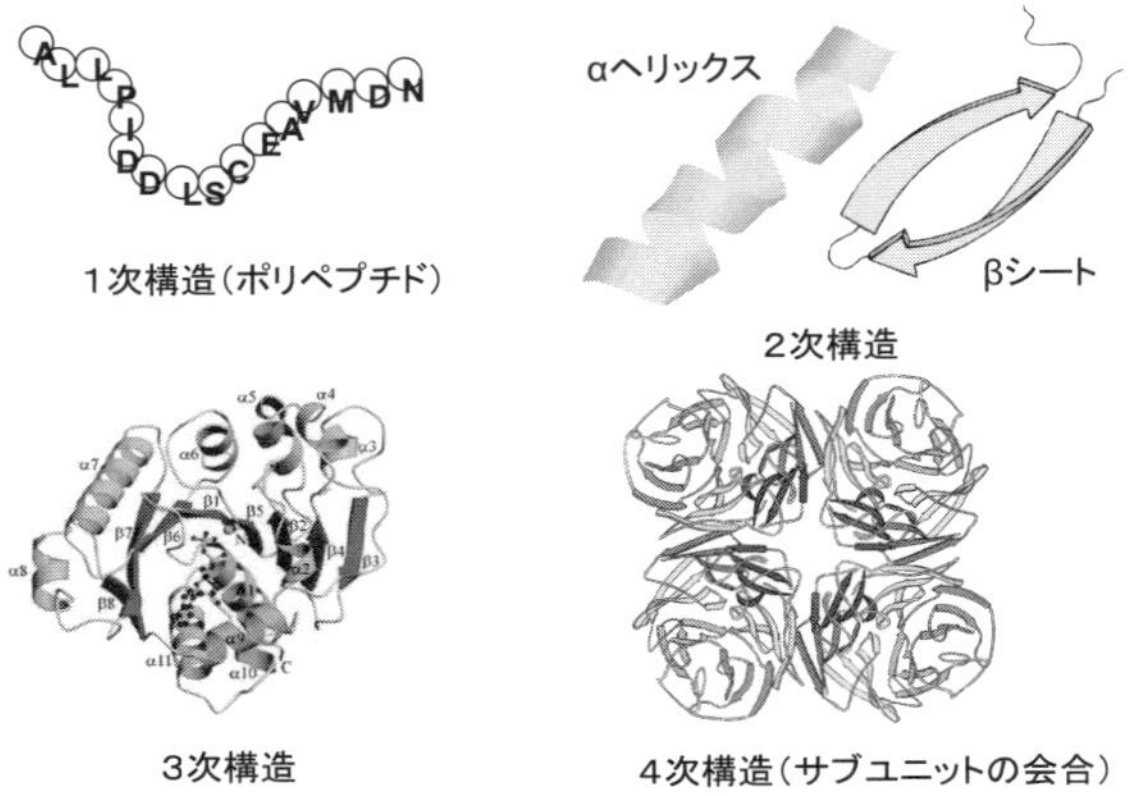

【図27】 タンパク質の四つの階層構造

ても、まだその完全な構造予測ができない複雑な構造を持っている。その複雑な個々の構造的差異が、そのタンパク質の他の分子との相互作用を規定する。タンパク質は構造を獲得して初めて機能を持つようになるのである。

端的に言えば、生物学における反応のほとんどは、タンパク質と他の分子（他のタンパク質や低分子化合物、イオンなど）との相互作用によって進行する。あるいは多数のタンパク質が集まって、細胞内の構造体を作ることもある。これらすべての反応において、タンパク質の構造は機能に深くかかわっている。すなわちタンパク質が構造をとることによってできる分子表面の凹凸、でこぼこがタンパク質の特異性を決定し、その凹凸にうまく適合する相手とだけ反応が進むようになっている。タンパク質の構造がいかに重要であるかがわかるというものだが、現在では生物学においても原子レベルでタンパク質の構造を解析し、その機能の分子基盤を確立するという構造生物学が重要な分野となっている。

私の専門とするところは、一部、このタンパク質の構造形成に関わる分子シャペロンと呼ばれるタンパク質の機能と役割の解析である。従来、この構造はアミノ酸配列さえ決まれば、自動的に（一意的に）できあがるものだと考えられてきた。ところが実際の細胞内では、タンパク質が正しい構造を作るためには、それ自身の他に、その折り畳み（フォールディング）を助けるための別のタンパク質（分子シャペロン）までが必要であることもわかってきた。シャペロンとは介添え役を意味するフランス語だが、分子が一人前（折り畳まれて、正しい構造をとる）になるための介添え役が居て初めて、タンパク質は正しい構造をとって、かつ機能を獲得できるのである。すべての細胞に分子シャペロンは数十種類存在して、ほぼすべてのタンパク質は生れてから、分解に至るまで、なんらかのシャペロンのお世話になっている。

タンパク質の輸送方式・葉書と小包

活発な代謝を行っている細胞では、個々の細胞のなかで毎秒数万個のタンパク質を作りだしているが、これら細胞内で作られたタンパク質は、文字通り細胞内のあらゆる場所で働いている。タンパク質を含まないオルガネラ（細胞小器官）は存在しないし、作られたタンパク質は常に、それが本来働くべき場所に輸送されなければならない。これをタンパク質の細胞内輸送と言う。ミトコンドリアで働くべきタンパク質が核にあっても意味がないのである。

タンパク質の細胞内輸送については、前出『タンパク質の一生——生命活動の舞台裏』で詳述したことがあるので、そちらをお読みいただけるとありがたいが、細胞内における物流システムは、われわれの社会のそれと較べても、なんら遜色がないほど見事な工夫と精巧さで、その制御が行われている。

ここでは「生命の内と外」という本書の趣旨に沿って、膜と細胞内輸送がどのようにかかわっているかに注目して、2点だけ、その驚くべき仕組みについて紹介しておこう。

第一は、どこへ運ぶかという宛先をどのように指示するかという点である。宛名の書き方を『タンパク質の一生』では、葉書型と手紙・小包型に分けておいた。葉書では、通信の内容の書かれた同じ紙に宛名を書くだろう。タンパク質の場合も、運ばれるタンパク質そのものに、宛名を書いてしまうというのが葉書型である。この場合は、輸送されるタンパク質のアミノ酸の一部が宛名になっている。核への輸送の他に、小胞体、ミトコンドリア、ペルオキシソームといったオルガネラへの輸送は、すべてこの葉書方式をとる。

これら葉書方式で宛名が書かれたタンパク質は、すべて膜を透過するのが特徴である。オルガネラは脂質二重層からなる膜で囲まれているので、一度は膜を通過しなければ内部へは到達でき

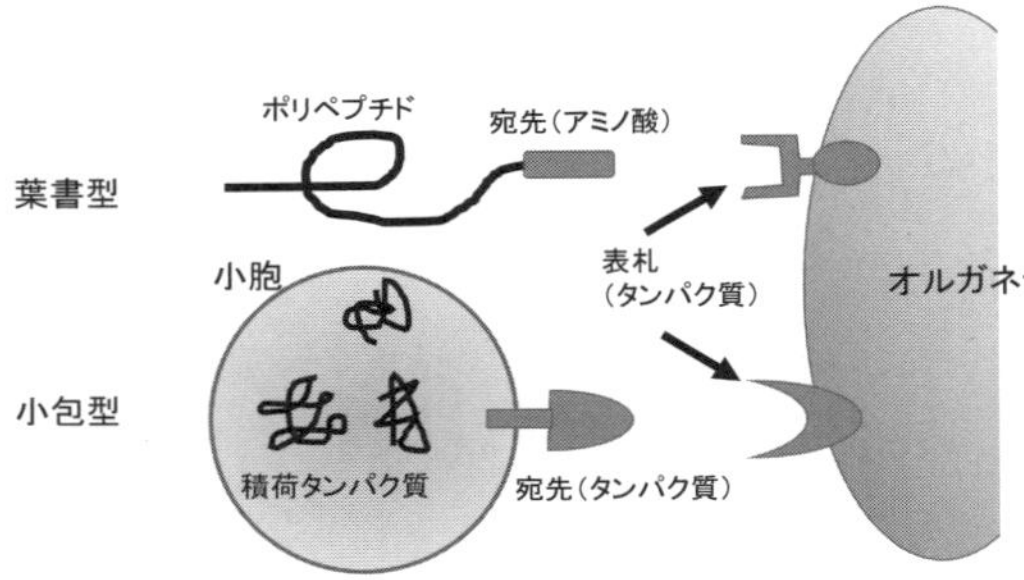

【図28】 宛先と表札：葉書型と小包型

ない（【図28】）。たとえばミトコンドリア膜を通過して、ミトコンドリアの内側へ輸送されるタンパク質の場合、ミトコンドリアの外膜にあるタンパク質が、運ばれてきたタンパク質の宛名（シグナル配列、あるいはシグナルペプチドと呼ぶ）を認識する。それをシグナル配列受容体と呼ぶが、この受容体が認識できるタンパク質だけを通過させるのである。タンパク質上のアミノ酸配列が葉書の宛名だとしたら、ミトコンドリア膜上の宛名を認識するタンパク質は表札にあたるのだと思っておけばいいだろう。

葉書なら一枚一枚に宛名を書かなければならないが、いくつかの品物をいっぺんに送る方法もある。小包がそれである。あるいは何枚もの便箋をまとめて封筒に入れ、手紙として送る場合もある。そんな場合には、宛名は封筒の表に書くか、荷札として箱に張りつけるだろう（そう言えば、昔は荷札に針金を通し、それを小包に括りつけていたが、宅配便の普及で、ほとんどが荷札を小包などの箱に張りつける方式に変わってしまった）。

細胞内のタンパク質の輸送の場合にも、小包型の輸送がある。いくつものタンパク質をひとまとめにして送るという方式である。何に包みこむか。またしても脂質二重層からなる膜である。膜でできた袋のなかにタンパク質をつめこみ、小包として一括して送ってしまう。これは膜からなる小さな袋という意味で、「小胞」と呼ばれる。

ちなみに「細胞」のなかに「小胞」があると言えば、言葉に敏感な方には若干の違和感があるかもしれない。細胞はセル（cell）、小胞はベシクル（vesicle）である。セルは小部屋、小胞は小さな袋。これだとイメージとして齟齬はないのだが、日本語で細胞と小胞はどちらが小さいのかとなると、なんとなく細胞のほうが小さいような気がしないでもない。もう言い習わしているのでどうでもいいのだが、どうにも言葉に拘りが強い私には、ときおりヘンな気がするのである。だが、これは寄り道。

それでは小胞による小包輸送の場合の宛名は、どう書かれるのだろう。小胞の膜に埋め込まれたタンパク質が荷札の役目をもっているのである。その荷札をつけた小包は、目的のオルガネラ(注19)膜上の表札を探す。この表札もまたタンパク質である。宛名のタンパク質と、表札のタンパク質が間違いなく符合していたら、小胞の膜はオルガネラの膜と融合して、中身をオルガネラの内部に吐きだす。このことによって、小胞内のタンパク質はまとめてターゲットとなるオルガネラに輸送されるのである。この場合だと、一つ一つのタンパク質に宛名を書く必要がない。

ここでちょっと注意しておいていただきたいのは、小胞輸送によって運ばれるタンパク質は、元の場所と届け先の位相が同じだということである。この章の「積み荷を次々積み替えて・小胞輸送」のところで詳しく述べることになるが、運ばれるタンパク質は膜を通過することがない。従って、輸送の前と後の空間は同じ位相にあるのである。

輸送インフラ——レールとモーター

タンパク質の細胞内輸送に関してもう一点紹介しておきたいところは、その物流システムを支えるインフラの巧妙さである。輸送の手段と言ってもいい。

この輸送の方式も、端的に二つに分類しておこう。宅配型と貨物輸送型とでも言っておこうか。まず大規模な輸送の場合、まとめてコンテナなどに入れて、鉄道による貨物輸送が主な輸送手段である（であったと言うべきか）。あらかじめ敷かれたレールの上を輸送する。いっぽうで葉書や小型の小包などは、いちいちそんな大規模なレールを敷いていられないから、小型トラックやバイクで配達されている。

細胞内でも、小胞のように、膜で囲まれた袋（コンテナ）に入れて輸送する場合には、レールが用いられる。実は細胞内には、微小管と呼ばれるレールが走っている。微小管は文字通り小さな管である。チューブリンというタンパク質が細い円筒状に繋がっているものであるが、核に近いところにある中心体と呼ばれる構造の近くから、細胞の周辺部へ放射状に伸びている。微小管には方向性があり、中心体をマイナス端とし、周辺へ伸びる方向をプラス端とするように微小管が配向する。東京駅（核に近い方、すなわち中心体）がマイナス端であり、地方（周辺部）へ伸びるのがプラス端。

この上り下りの方向性のあるレールをどのように利用するか。レールの上を走るのは貨物列車と決まっているが、実は小胞にもモーターがついているのである。しかも、モーターには2種類あって、上り専用のモーターと、下り専用のモーターがある。日本の鉄道に従って東京駅（中心体）へ向かうのを上りと言うことにすると、上りというのは微小管のプラスからマイナス方向を

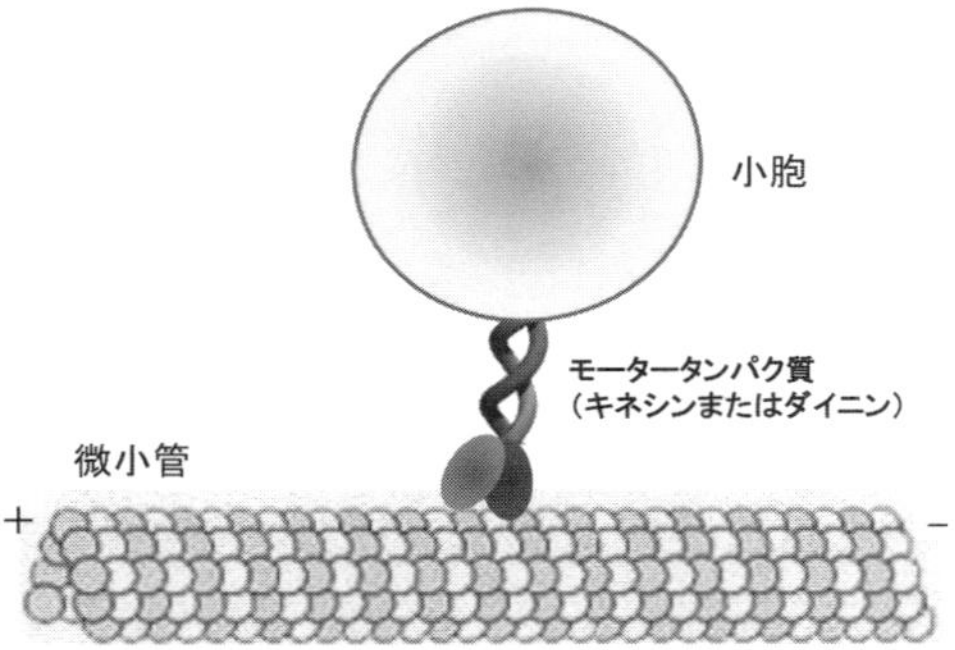

【図29】 小胞輸送：微小管上を小胞を担いで走るモータータンパク質

言うことになるが、この上りを専門に受け持っているモーターはダイニンと呼ばれる。逆に下り専用のモーターはキネシンと呼ばれるタンパク質である（【図29】）。

この上り専用のダイニンと下り専用のキネシンが、それぞれ小胞に結合し、それら小胞を引っ担いでレールの上を一方向へ走るのである。走るというより、歩いているのである。現在は高速原子間力顕微鏡という技術を用いて、一個の分子の動きをリアルタイムで観察することができるようになっているが、多くの研究から、これらの分子モーターは二本の足を持っていて、それを交互に前に出すことによって、微小管上を一歩一歩、歩いていることがわかる。歩きながら、小胞という荷物を運んでいるのである。先に貨物列車と言ったが、もう少し適確な比喩を用いれば、まるで飛脚のように荷物を担いで動いていると言うべきだろうか。

これを小胞輸送と呼ぶが、このような大規模物流システムを持たなければ、細胞は生きてゆけない。大規模と言っても、わずか１００分の１ミリの世界のことではあるが、それにしても私たちの細胞内には、素晴らしいインフラが整備されていることに驚かされる。

いっぽうで、宅配便タイプ、郵便配達タイプの輸送も存在する。小胞体、ミトコンドリアなどのオルガネラへ、葉書型のタンパク質が輸送されるとき、それらは別にレールの上を輸送されるわけではない。非常に短い距離を、どうやらランダムな分子運動に任せて隈なく動きまわりながら、自身の宛名に対応する表札を探しているらしい。

針の孔を通る分泌タンパク質・内から外へ

右に述べた膜透過と小胞輸送を二つながらに利用する輸送システムとして、新たに作られたタンパク質が細胞外へ輸送されるプロセス、すなわち分泌経路を辿ってみることにする。これは即ち、細胞の〈内〉から〈外〉へのモノの動きというプロセスである。

分泌タンパク質にはさまざまのものがあるが、血糖値のコントロールに重要なインスリン、細胞外マトリックスの主成分となって皮下などに蓄積するコラーゲン、血液の代表的な成分である血清アルブミンなどは、さしずめその代表としてよく名前を聞くタンパク質だろう。

これら分泌タンパク質が作られる場も、他のタンパク質と同様、サイトゾル（細胞質ゾル）のリボソームである。ただ他のサイトゾルのタンパク質と異なる点は、分泌タンパク質は作られる過程でまず小胞体の内腔へ輸送される点である。分泌タンパク質だけではなく、膜に組み込まれる膜タンパク質も同じプロセスを辿る。

分泌タンパク質はN末端[注20]（ペプチドが作られ始める端）に、疎水性の高いアミノ酸が15個程度連

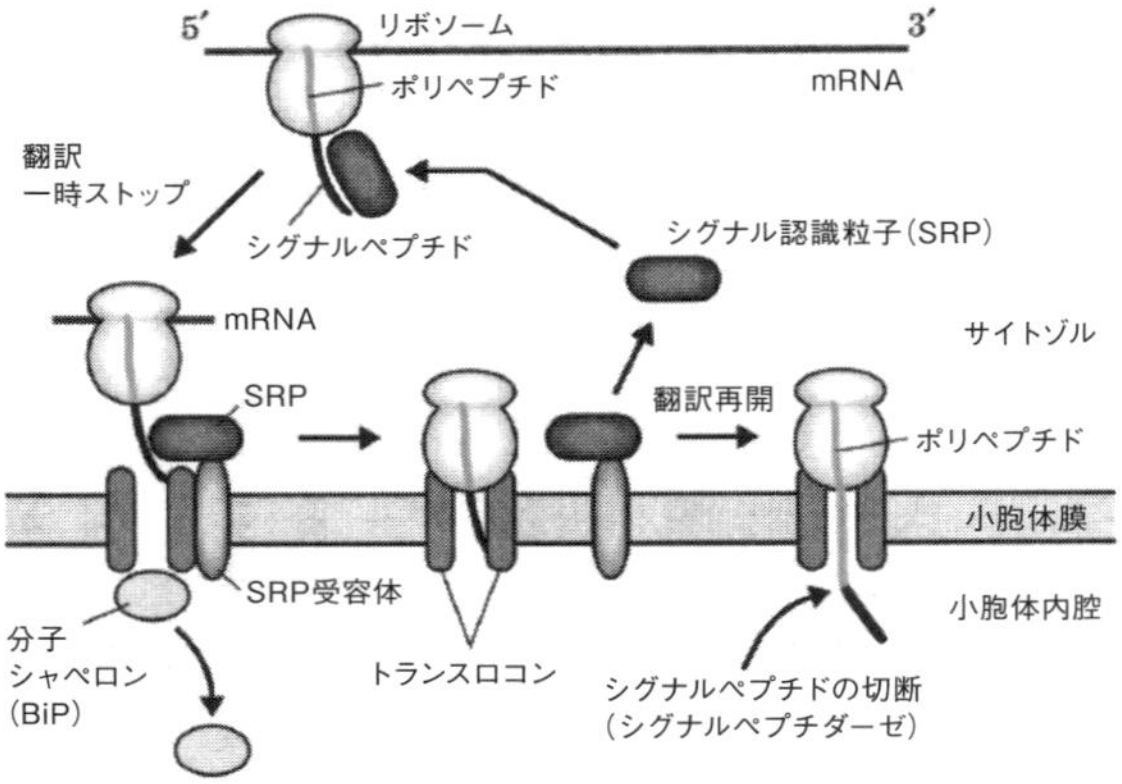

【図30】 小胞体へのタンパク質の膜透過：シグナル仮説（『タンパク質の一生』より）

続した配列をもっている。これをシグナルペプチドと言う。分泌タンパク質の場合、翻訳はシグナルペプチドから始まる。このシグナルペプチドが小胞体への輸送を指示する宛名となる。この宛名をどのように認識して、分泌タンパク質を小胞体のなかに導き入れるのか、ちょっと複雑だが、見事なシステムなので少し詳しく説明してみよう。

アミノ酸がリボソームの中でペプチド結合によって次々に連結され、N末端からどんどん伸びてゆく。N末端にあるシグナルペプチドが、まずリボソームから顔を出す。そうするといち早くこのシグナルペプチドを見つけて、それに結合するタンパク質がある。これをシグナルペプチドを認識するということから、シグナル認識粒子（SRP：Signal Recognition Particle）と呼ぶ。シグナルペプチドがSRPにトラップされると、そこでいったん翻訳がストップする（【図30】）。

翻訳を一時停止したまま、SRPは小胞体へ近づいてゆき、小胞体膜上にあるSRP受容体という別のタンパク質に結合する。ＳＲＰ受容体のそばには、ポリペプチドが通過するための孔（トランスロコンと呼ばれる）が存在し、ＳＲＰが受容体に結合することによって、ＳＲＰに銜えこまれていたシグナルペプチドがトランスロコンのチャネル内に挿入されるのである。ポリペプチドはアミノ酸の繋がったものであるから、脂質二重層を通過することはできないが、その孔を利用することにより膜を通りぬけることができる。

ＳＲＰがＳＲＰ受容体によって認識されると、翻訳ストップが解除される。翻訳は再びスタートし、リボソームから押し出されてくるポリペプチドは、この孔を通って小胞体内腔へ送り込まれることになる【図30】。これはロックフェラー大学教授のＧ・ブローベル(注21)によって提出されたメカニズムで、「シグナル仮説」（もはや仮説とは言わないが）と呼ばれ、ブローベルはこの発見により、ノーベル生理学・医学賞を受賞している。

これは実に見事な機構だと思わざるを得ない。「二階から目薬」という言葉があるが、ふらふら動く長いヒモを、小さな孔に通すのは容易ではないだろう。糸を針の孔に通すときは、できるだけ糸を短く持って孔にめがけて刺したはずだ。同じようにペプチドというヒモの先（シグナルペプチド）を持って、孔のすぐ横にまで持ってきてやれば、孔通しはずっとたやすくできるはずである。細胞は（誰に教わるでもなく）見事にそのような手法を編み出したのだ。

ここまでが膜透過である。このようにして小胞体に送り込まれたポリペプチドは、小胞体内腔でその本来の形に折り畳まれるが、その時、シグナルペプチドは切断される。シグナルは孔通しのためだけに必要だったのであり、孔を通ってしまえばもはや不要。情け容赦なく切り捨てられる。

この孔通しの場面では、タンパク質は一本のヒモでなければならなかった。小さな孔を通すためである。もしサイトゾル内でポリペプチドを作ってから小胞体の孔を通すとしたらどうなるだろう。ポリペプチドが立体構造を作ってしまうと、孔を通過することはできないのである。孔を通ってしまってから、正しい構造に折り畳まれる。そのためのフォールディング（折り畳み）には小胞体の内部にある分子シャペロンと呼ばれるタンパク質が必要になる。そうして正しい構造をとったタンパク質が、さらに下流へ輸送されてゆく。

積み荷を次々積み替えて・小胞輸送

小胞体から次に向かうのはゴルジ体と呼ばれるオルガネラであるが、小胞体以降の輸送は、膜透過を経ない輸送であるのが特徴だ。ここからは小胞輸送である。小胞輸送では積み荷（カーゴと呼ばれる）は、小胞に包まれたまま輸送される。もはや膜に開けられた狭い孔を通る必要はない。だから三次元的な構造を作ってしまっても大丈夫なのである。小胞体において、分子シャペロンの助けを得て立体構造を獲得したタンパク質は、これ以降は大人の顔をしたまま、次々と小胞を乗り換えて輸送されて行く。

まず小胞体から、いかに小胞が作られるか。この場合には、小胞体の膜が外側に膨らみ（出芽）、それがくびりとられるように膜から解離して、小胞となる。小胞を作るためには、膜に組み込まれたタンパク質のほかに、サイトゾルのタンパク質も膜にリクルートされ、それら数種のタンパク質が相互作用することによって、膜をカーブさせ、膨らみを作って、最終的にくびりとることによって球状の小胞をつくるのである（【図31】）。

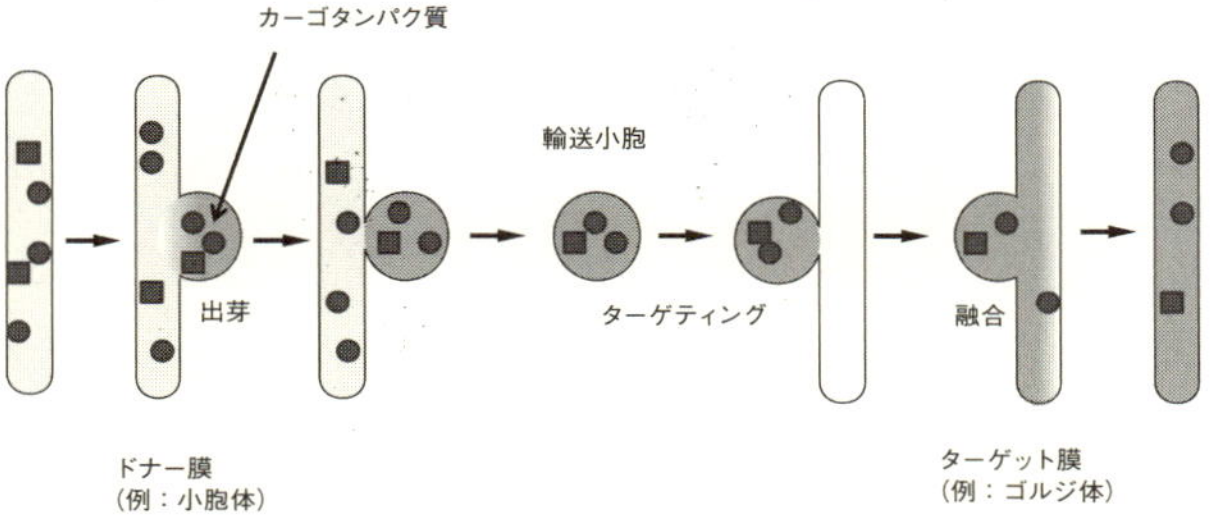

【図31】　小胞輸送：出芽と融合

　積み荷を中に取り込んだまま、小胞体から離れた小胞は、先に述べたように微小管のレール上を走って、ゴルジ体に到達、ゴルジ膜と融合することで、積み荷をゴルジ体に送り込む（【図31】）。

　ゴルジ体に入ったタンパク質は、ゴルジ体の三つの層板を順次移動し、最終的にトランスゴルジ（注22）と言われる層板から再び出芽、遊離する。こうして分泌タンパク質は、つぎつぎと小胞を乗り換えながら、最終的に細胞表面膜にたどり着く。このそれぞれのステップで、宛名と表札の照合が行われ、正しい宛先にのみ小胞は融合して、目的地に到達する。分泌タンパク質の目的地は細胞外であるから、細胞膜へ到達して、小胞の膜と細胞膜とが融合することで、タンパク質が細胞の外へ放出（分泌）されるのである。

　以上が、分泌過程のあらましであるが、これは種々のタンパク質の細胞外への輸送のもっとも主要な経路、幹線道路であるので、「中央分泌系」と呼ばれている。中央分泌系では、小胞体へ入るところまでが「膜透過」、それ以後は一貫して「小胞輸送」である。これが実は、先に述べた、「細胞の内と外」と見事に対応しているのである。

外と内を仕切る関所・トランスロコン

分泌タンパク質は細胞内で作られたあと、見てきたような中央分泌系を通って、最終的に細胞の外へと分泌される。それでは、タンパク質はどの段階で細胞の外へ出たということになるのだろうか。細胞膜から外へ出たところで、本当に「内から外へ」出たのだろうか。

先に、細胞はその内部に外部を抱え込んでいることを、それぞれのオルガネラの起源に遡って明らかにした（第3章、【図14】【図17】）。サイトゾルは細胞の内部、核膜はもともと細胞膜が内側へ伸びてきたものなので、核膜の外膜と内膜の間の空隙は細胞の外部であった。小胞体は核膜がどんどん伸びてできた膜構造である。従って、小胞体の内腔は核膜の外膜と内膜の間の空隙と同じ位相、つまり細胞の外部なのであった。

そう考えると、分泌の過程で、サイトゾルから小胞体内腔へ入るところで、内部から外部へのトポロジカルな転位が起こったことになる。この転位は、膜透過、すなわち膜を通過することによって可能になる。つまり膜を透過するとは、別の世界（外の世界）に入ることなのである。

「国境の長いトンネルを抜けると雪国であった。」は、川端康成の小説『雪国』の冒頭であったが、いったん膜を通過してしまえば、そこはもう細胞の外部である。小胞体膜がくびりとられるようにして小胞が作られ、それがゴルジ体へ、そして細胞膜へと移行してゆく過程で、小胞の内部は、小胞体の内腔と同じ外部、そしてその小胞の内なる外部は、そのまま細胞の外部へと連続してゆくことになる。分泌タンパク質は、細胞の内部で作られるが、いったん（小胞体）膜をくぐって外部に出てしまえば、あとはその旅はずっと外部の旅なのである。「膜透過」というイベントによって、（トンネルをくぐって雪国に出たように）まったく違う世界へ放り出されたことになる。

そのように考えてくると、トランスロコンというチャネルこそが内部と外部を分ける大事な関所に当たることが理解できるだろう。最近の研究によって、トランスロコンを作るタンパク質の構造が明らかになった。トランスロコンは10個ほどの膜を貫通する領域（ドメイン）をもったタンパク質からなり、この膜貫通ドメインが筒状に集合することによって、膜のなかにポリペプチドが通過できるチャネル（孔）を作っている。このチャネルを通って、ポリペプチドは細胞の内部から、〈細胞内の外部〉へ出てゆくことになる。

内と外はこんなに違う

サイトゾルと小胞体内腔とは、小胞体膜で仕切られている。この仕切りがあることで、サイトゾルと小胞体内腔とのいろいろの性質の違いが保たれている。オルガネラのアイデンティティは、膜によって担保されている。

トランスロコンは内部と外部の境界に設けられた関所である。関所というのは、なんでもむやみに通すというものではない。通行手形をもった者だけを通し、他の者の通過を許さない。閉じていることが必要なのである。「閉じつつ、開いている」。これが関所に課せられたミッションである。

小胞体は細胞内のカルシウム貯蔵庫としての役割をもっている。サイトゾルのカルシウムイオン濃度は小胞体内腔に較べて1万分の1程度の低い濃度に抑えられている。この低いカルシウムイオン濃度というのがきわめて大切であり、サイトゾルのカルシウムイオン濃度のわずかな上昇が、カルシウムシグナルとして、種々の細胞機能を制御する。カルシウムイオンは、セカンドメッセンジャーと呼ばれるごとく、細胞内シグナルの最重要なもののひとつである。細胞の運動、小胞輸送、アポトーシス(注23)など数え上げればきりがないほど多くの細胞機能がセカンドメッセンジャーとしてのカルシウムイオンのシグナルによって制御されている。

小胞体には高濃度のカルシウムイオンが蓄えられているのに、サイトゾルにはその1万分の1以下の濃度のカルシウム。この障壁となっているのが小胞体の膜である。膜はカルシウムイオンを透過させない。ちょっとした漏れがあれば、たちまちサイトゾルのカルシウムイオン濃度が上がってしまい、細胞はパニックに陥る。

サイトゾルのカルシウムイオン濃度は低く保っておく必要がある、しかし必要な時には、一時的に、かつ瞬間的に高くしてシグナルとして使わなければならない。このカルシウムイオン濃度の制御がどうやって行われているのかは後述することになるが、先に見てきたように小胞体膜にはトランスロコンと呼ばれる孔が開いている。高濃度のカルシウム貯蔵庫である小胞体から、この孔を通ってカルシウムが漏れ出してきたのでは、カルシウムによる細胞機能制御が破綻する。(注24)

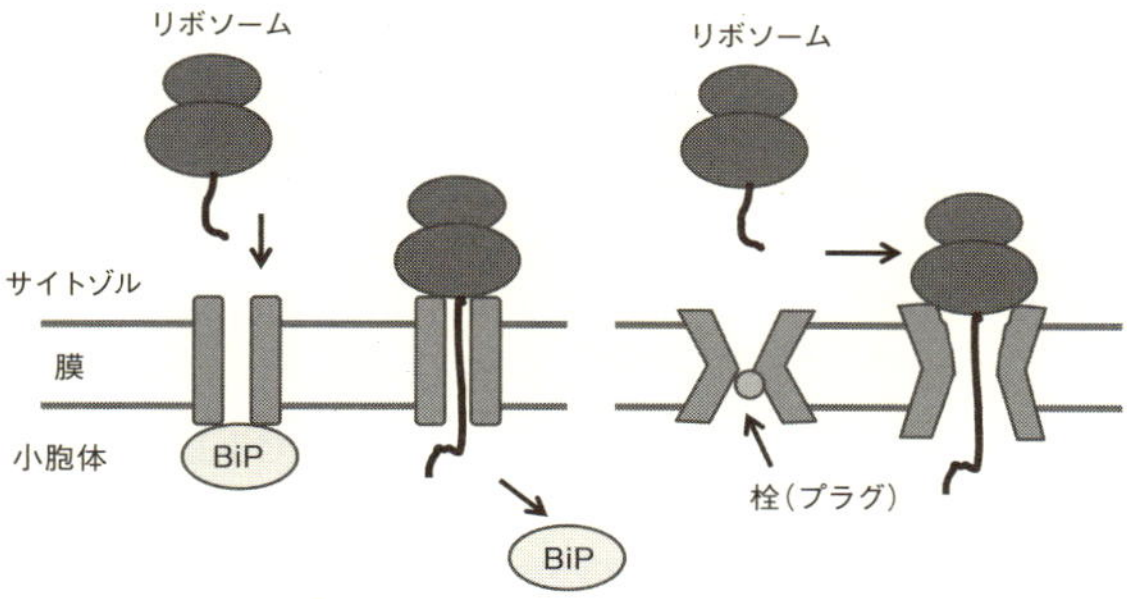

【図32】 トランスロコンは細胞の内と外を仕切る関所である

同時に、小胞体からカルシウムイオンが漏れ出してしまうと、小胞体内腔のカルシウムイオン濃度が低くなる。これ自体が細胞には大きなストレスになる。これを小胞体ストレスと呼ぶが、細胞はこの小胞体ストレスに対応するため、小胞体ストレス応答(後述)という応答を自ら引き起こして、この異常事態に対処しようとする。

トランスロコンは膜に組み込まれたチャネルであり、ポリペプチドやその他の低分子物質を通す。しかし、その通過が厳密に制御されていなければ、サイトゾル側および小胞体内腔側のホメオスタシス(恒常性)は守れない。なかでもカルシウム恒常性と酸化還元恒常性は、小胞体のもっとも重要なホメオスタシスである。トランスロコンは、ポリペプチドを通すために開かなければならない。しかし開きっぱなしだとカルシウムや酸化還元の恒常性の破綻をきたす恐れがある。この開閉は、きわめて注意深くあらねばならない（【図32】）。「閉じつつ、開く」というジレンマをトランスロコンがどのように克服しているかという点に関して、二つの説がある。初めに提示されたのは、トランスロコンの両側に蓋をしてものの流入を管理するという機構であった。トランスロコンの小胞体内腔側には、Ｂ・ｉＰ（ビップ）と名づけられた分子シャペロン（タンパク質）が結合していることが報告された。普段は内腔側にＢ・ｉＰがついて、蓋をしているのでカルシウムを初めとする低分子物質は通過できない。しかしこれではポリペプチドも通過できない。

先に述べたようにポリペプチドのシグナル配列がＳＲＰに認識され、小胞体上のＳＲＰ受容体に結合すると、リボソームがトランスロコンの孔の上にどっかと腰をおろし、ポリペプチドの翻訳を再開する。この時、内腔側でＢ・ｉＰがはずれてポリペプチドの通過が可能になる（【図32】）。Ｂ・ｉＰがはずれても、外側ではリボソームの大きなお尻が蓋をしてくれているので、物質の出入りはない。通常は内側から蓋をしておき、翻訳中はリボソームが外側から蓋をするという寸法である。

１９９８年にこの論文が発表されたとき、ウーンと感心したのを覚えている。二重ドアを考えればいいだろう。二重ドアになっていて、必ず一方は閉まっていて、同時に両方が開いていることがない。ビルの入り口にある二重ドアを想像してみれば、室内の冷気などを逃がさないため、二つのドアが両方同時に開かないようになっている。サイトゾルと小胞体が素通しになってしまわないようにしているのだ。これは私たちの社会でもいたるところに見られる工夫である。

ところが最近、トランスロコンの構造が明らかになって、別の説が提出された。トランスロコンそれ自体が開閉のための栓（プラグ）を持っているというものである。トランスロコンは膜の内部を貫通する10本ほどのポリペプチド鎖が円筒形に並び、チャネルを作っているのだが、これがファネル（漏斗）のように膜の中央付近で狭くなっているのである。おまけに、この狭くなったところに栓がついている。この栓が低分子の流入、流出を妨げているという【図32】。それではポリペプチドの通過のとき、この栓は邪魔にならないのか。

トランスロコンの10本の膜貫通ドメインは、ちょうどカメラの絞りのように、回転することによって緩む、すなわち孔の口径を広げることが可能であるらしい。この回転に伴って、中央の栓も分子の内部に引っ込んでしまうという。ポリペプチドが通過するときだけ、孔がオープンになるのである。ウーンと、この説にもまたうなってしまう。

二重ドアにして、入り口と出口のどちらかは必ず閉まっている状態を作ることによって、なんでもが自由に行き来するのを妨げるというのが第一案。漏斗状の孔の中央付近を狭くしておいて、そこにプラグ（栓）を配置して物質の流入を防ぐ。必要な時にはちょっと捻って孔を大きくし、必要なものの流入を許すというのが第二案。

どうやら世界の研究者の考えは後者の説に傾いてきているが、どちらの説が正しいのか、まだ最終決着はついていないと言うべきかもしれない。オルガネラのホメオスタシスを維持するには、単に二つのコンパートメント（区域）を分断するだけでは十分ではない。それでは孤立してしまって、細胞全体での役割を果たせない。細胞は、細胞の内なる外部とも言うべき小胞体との間にも、厳密な区画を保ちつつ、柔軟な対応を図っているのである。

（注17）最近、我々の研究グループが遺伝子をクローニングした新規のタンパク質は、5200個以上のアミノ酸から構成され、しかもそれが6個集まってリングを作っているというものであった。我々はこれをミステリンと名づけたが、ミステリンは、ヒトの脳血管の一部に狭窄・梗塞を生じる疾患、モヤモヤ病に関係した遺伝子である。

（注18）DNAが二重らせん構造を持っていることは、今では多くの人の知るところ。DNA、すなわちデオキシリボ核酸が二重らせん構造をもっていることを最初に発見したのは、ジェームズ・ワトソンとフランシス・クリックであった。彼らは1953年、イギリスの科学誌『Nature』にわずか2ページの論文を発表し、この一篇の論文によって、1962年、発表から十年にも満たない年に、ノーベル生理学・医学賞を受賞したのであった。いかにインパクトの強い発見であったかがわかろうというものである。

彼らが発見したDNAの二重らせんは、図に表わすとすると、【図A】のように描くことができる。2本の鎖が互いによじれあいながら、逆方向に伸びてゆく。それぞれの鎖には塩基が並び、それぞれの鎖の塩基が互いにペア（対）を作っているのも明らかにみて取れる。

この塩基の対合の仕方には厳密な規則があり、AはTとのみ、GはCとのみ対をつくる。どのペアを見ても、AとT、GとCの対合だけからなるのである。2本の鎖は、互いに相補的な関係にあるので、相補鎖と呼ばれるが、見事なまでに単純であり、そして美しい。「真理」というものは、まさにこのように単純で、かつ美しいものであるということを、DNA二重らせんモデルは私たちに実感させてくれるだろう。

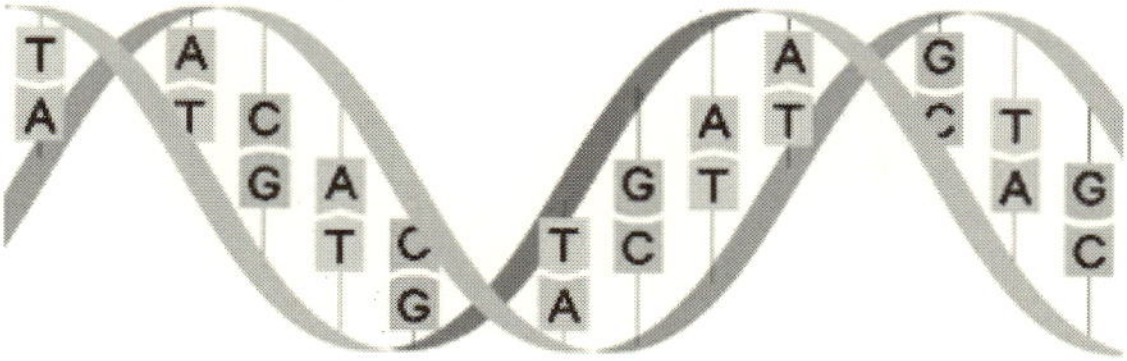

【図A】 DNAの構造と塩基の対合。AはTとだけ、GはCとだけ対合を作る。

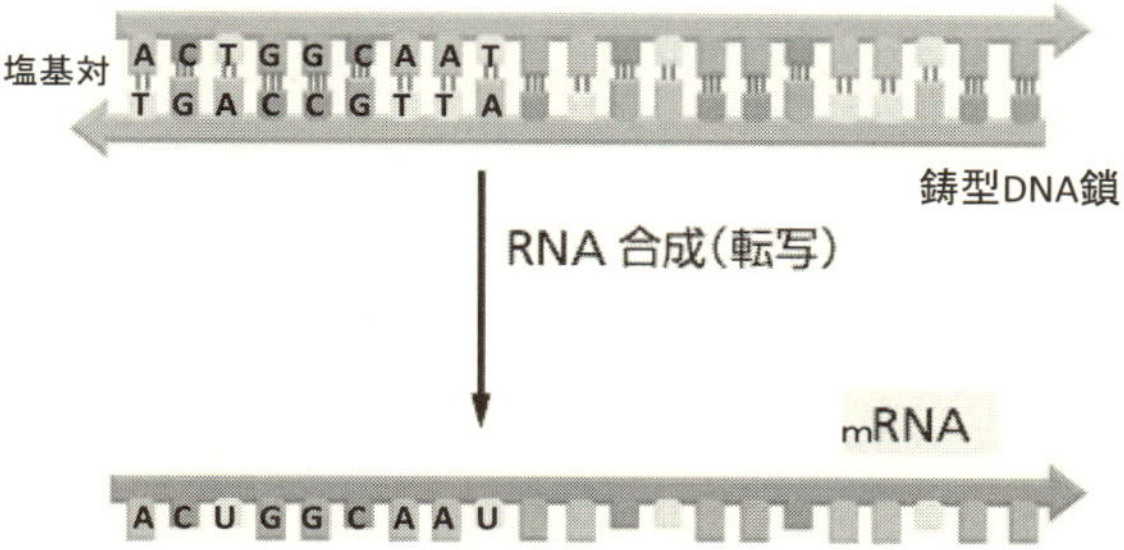

【図B】 DNAからmRNAへの転写。ATGCの遺伝暗号はUACGの遺伝暗号としてmRNAに写し取られる。

　DNA上の文字列は、核のなかで、mRNAという分子に写しとられる。テープのダビングを思えばいいだろう。DNAの2本鎖のうちの1本の鎖がダビングされる。鎖の上にはATGCの文字が延々とならんでいる。それをmRNAに写しとるのである。【図B】を見ていただければ理解しやすいだろう。DNA上にTがあれば、mRNA上にはAがくるし、DNA上のGはmRNAのCとして、それぞれ相補鎖を形成して行くのである（但し、DNA上ではATGC4文字であったものが、mRNA上ではTの替わりにU〈ウラシル〉が用いられる。従って、

DNA上のAに対応して作られるmRNA上の暗号は、Uとなる)。これらのプロセスを「転写」と呼んでいる。

(注19) 宛名と表札は専門的にはv-SNAREとt-SNAREと呼ばれる。vとtのSNAREタンパク質が互いに相手を認識できれば小胞の融合が起こる。これをSNARE仮説と呼ぶが、この発見者J.Rothmanは2013年のノーベル生理学・医学賞を受けた。この時同時に受賞したのが、小胞輸送に関わる一群の遺伝子の働きを解明したR.Schekmanであった。

(注20) ペプチドが翻訳される際、翻訳の始まる側をN末端、翻訳の終了する側をC末端と呼ぶ。これはペプチド結合が形成される際、アミノ基(Nと表わす)が来る側をN端、カルボキシル基(Cと表わす)が来る側をC端と呼ぶことによる。

(注21) 既に説明したSNARE仮説でノーベル賞を受賞したJ.Rothmanはブローベルの弟子である。師弟揃っての受賞となった。

(注22) ゴルジ体は、主として三つの層板からなるオルガネラである。核、小胞体に近い方をシスゴルジ、細胞周辺に近い方をトランスゴルジと言い、中間の層板をメディアルゴルジと呼ぶ。現在では、シスゴルジに到達した積み荷は、そのままじっとしていれば、シスゴルジがメディアルゴルジに、メディアルゴルジがトランスゴルジに移行することで運搬されるとされている。これをゴルジ層板成熟モデルと呼ぶ。

(注23) 細胞の自殺とも言われる。細胞が自身を積極的に殺す現象。アポトーシスを引き起こすにも幾つものタンパク質の連続的な反応が必要である。

(注24) 小胞体の膜によって保たれているものはカルシウムイオンの濃度ばかりではない。この他にも、小胞体の内腔とサイトゾルの間では、様々な違いがある。酸化還元という言葉は聞かれたことがあるだろうが、小胞体の内部はきわめて酸化的で、逆にサイトゾルは還元的である。小胞体の内部ではタンパク質を含めて、

多くの分子が酸化されやすい。酸素と結びつきやすいのである。この酸化的環境は、タンパク質のフォールディングには好都合であり、小胞体がその本来の機能を営むために必須なのである。この酸化、還元環境の障壁になっているのももちろん小胞体の膜であるが、ここでもトランスロコンの孔が気になる。トランスロコンは孔を持っているにも関わらず、小胞体内部の酸化的環境、サイトゾルの還元的環境を乱すことはない。「閉じている」のである。小胞体の膜に人工的に孔をあけてやれば、小胞体の酸化的な環境は破綻し、重大なストレスが引き起こされる。

第6章　外から内へ、内から外へ

膜を通過するもの、しないもの

細胞が生命としてその存在を維持するための三つの要素について話してきた。外界から区切られること、自己を複製できることのほかに、外界からものを取り込んで代謝できることが第三の要素であった。外界からの区画と外界からのものの摂取という二つは、強く相関している。

細胞膜は、リン脂質からなる脂質二重層である。第2章で見たように、リン脂質には疎水性の尾部と、親水性の頭部があった。水に馴染みにくい尾っぽ同士を内側に向けて、頭部を両側に配置した脂質二重層を作っている。こうして細胞膜は水環境のなかで、それとうまく馴染みつつ、しかし水をはじめとする外の物質の透過を抑え、自身を外界から区画している。

いっぽう疎水性(注25)（脂溶性）の低分子物質は膜を透過することができる。薬物なども脂溶性のものは膜を通過して、細胞内でその効果を発揮することができる（脂溶性低分子化合物であっても、単純拡散によっては細胞内に入っていかないものも多い。これには特殊なタンパク質が関与するが、それについては後述する)。

また酸素や炭酸ガス、窒素などの気体分子は通過しやすいが、低分子物質であっても、親水性のものや、水、アルコールなどは通りにくいし、もう少し大きな分子、たとえばエネルギーのもとになるグルコースや、DNAなどをつくる原料の核酸(ヌクレオシド)などはほとんど通らない。イオンは大きさで言えば、水などよりも小さいが、カルシウム、ナトリウムや塩素など、陽イオンであっても陰イオンであっても、イオンはまず細胞膜は透過しない。

ちょっと寄り道をして言っておけば、エネルギー通貨と言われるATP(注26)も細胞膜をほとんど通過しない。ATPはアデノシン三リン酸の略であるが、リン酸基を三つ持っている。マイナスに荷電したリン酸基同士は互いに強く反発し合う。これを三つも繋げて保持するには強力なエネルギーが必要で、ATPはそのエネルギーを分子のなかに保持している。だが、1個リン酸基を放すだけで、リン酸基を保持するためのエネルギーはぐっと小さくなる。リン酸基が2個付いたものをADP(アデノシン二リン酸)と言うが、リン酸基を2個保持するためのエネルギーは、3個保持するためのエネルギーに較べて格段に小さくてよい。その差し引きの分だけのエネルギーを放出して、種々の反応に利用することができる。ATPというエネルギー通貨は、リン酸基を1個放出することによって不要になったエネルギーを、他に供給することで通貨としての役割を果たしているのである。

一日に作りだされるATPの量は、ほぼ体重分、60kgの人なら60kgものATPが体内で作られる。逆にＡＤＰからＡＴＰを作るには、ＡＴＰの分解によって得られるのと同じだけのエネルギーを必要とし、このエネルギーを私たちは食事や飲み物から得ているのである。元気になるためにＡＴＰを飲むなどという発想もあるそうだが、わずか数十㎎のＡＴＰを飲んでも、焼け石に水といったところである。そもそも細胞のなかへ入っていかないのであれば、さらに意味がない。

これら本来透過しない物質もなんとか取り入れなければ生きてゆけないわけで、細胞膜を介した物質の取り込みは、細胞の生存にとって必須の要素である。細胞膜にある数千種類もの膜タンパク質が、これらの物質の選択的輸送を可能にしている。

膜を貫通するタンパク質

膜タンパク質は外界と接する関所のようなものであり、このタンパク質を通じて、外界との間に、モノのやり取りや、情報のやり取りを行っている。

そのような外界との接点にあって、膜タンパク質はその役割から三つに分類することができよう。第一はトランスポーター（運搬体）であり、膜を介して一方の側から他方へ物質の輸送を行っている。ＡＴＰの結合によって構造変化を引き起こし、その構造変化が、物質の輸送とリンクしている。この意味からポンプと呼ばれることが多い。もうあまり見かけなくなったが、井戸などには井戸の底から水をくみ上げるための手押しのポンプがあったものだ。

しかし必ずしもＡＴＰのエネルギーだけに頼っているのではなく、高いところにある水を落として水力発電を行っているように、物質の濃度勾配を利用して、一つの物質が濃度の低い側へ運び込まれる力を、一緒にくっついた別の物質の運び込みのための力に変えるというような、思わず膝を打ちたくなるような巧妙なポンプも存在する（Na^+イオンの濃度勾配を利用して、グルコースを細胞内に取り込む仕組みについてはすでに述べた）。

第二のものはチャネルである。比較的低分子の、例えばカルシウムイオンなどのようなイオンを通過させるためのチャネルがある。チャネルは蓋を閉じたり、開いたりして物資の通過を可能にしているが、チャネルの開閉だけで濃度の高い方から低い方へ物質は流れるので、エネルギーは必要としない。イオンばかりでなく、すでに話をした、小胞体へポリペプチドを送り込むためのトランスロコンなども一種のチャネルであると言ってもよい（もっとも、この場合は、濃度勾配は関係しない）。

第三には、膜表面にあって、数多くのシグナルを受け取って、それを膜の内側に伝えるためのレセプター（受容体）がある。いわば玄関のドアに取り付けられた呼び鈴のようなものである。外からこの呼び鈴を押すと、壁（膜）を隔てて、誰か来客があることを室内に伝えることができる。この場合は、膜を介して物質が輸送されるということはないが、受容体を構成しているタンパク質の構造変化を通じて、情報だけが膜を介して伝えられる。すでに述べたところとも一部重複するが、これら三つの役割について次に述べてみよう。

チャネルとポンプ——カルシウムイオンの取り込みと放出

脂溶性低分子物質の多くは単純拡散によって細胞膜を通過するが、上に述べたように陽イオンや陰イオン、アミノ酸やグルコース、そして核酸（ヌクレオシド）まで、いずれもそのままでは膜を通過しない。もっとも多量に取り込まなければならない水でさえ、それ自体は膜を通過しにくい物質である。

これら大切な、しかしそれだけでは膜を通過できない物質を、膜を介して運ぶために、膜には膜輸送タンパク質が存在する。膜輸送タンパク質には、単に膜に孔（チャネル）をあけて物質がその孔を抜けて通過できるようにするチャネルタンパク質と、より特異的にその物質と結合して、構造変化などを通じて、膜の一方からもう一方へ物質を運んでやるキャリアやトランスポーターなどと呼ばれるタンパク質がある。ＡＴＰのエネルギーを用いて物質を汲みあげるものは、ポンプと呼ばれたりもする。

このチャネルとキャリア、ポンプという分け方のほかに、どのように輸送するかという観点から、エネルギーを使って能動的に輸送する場合と、物質の濃度勾配などに従ってエネルギー非依存的に輸送する場合があり、それぞれ能動輸送、受動輸送と呼ばれる。

ここではポンプとチャネル、そして呼び鈴型のレセプターが共同して働いている好例として、カルシウムイオン（Ca^{2+}）の取り込みと放出を例に見てみることにしよう。

カルシウムイオンは、さまざまの細胞機能のシグナル分子としてきわめて重要な役割を果たしている。このようなシグナルをセカンドメッセンジャーと呼ぶが、セカンドメッセンジャーのなかでもカルシウムイオンはその代表的存在である。カルシウムイオンによって起動される細胞機能の多様性は、すぐには数えられないほど多く、そのシグナル系の重要性を示唆している。

そのもっとも典型的なシグナル系として、筋肉の収縮のシグナルをあげてみてもいいかもしれない。筋収縮はカルシウムイオンによって制御されているが、筋細胞においては、特によく発達した筋小胞体にカルシウムイオンが蓄えられており、筋小胞体からのカルシウムイオン放出は、筋収縮を引き起こすシグナルとなる。筋小胞体は名前からもわかるように、通常の細胞の小胞体にあたるものである。

神経における情報伝達にもカルシウムイオンは重要な役割を果たす。細胞膜上には電位に依存してカルシウムイオンの細胞外からの流入を促すチャネルがあり、神経線維を伝導してきて終末部へと達した興奮は、カルシウムイオン流入を起こし、シナプス小胞内の神経伝達物質を細胞外に放出する。神経伝達物質が次の神経細胞の受容体に結合すると、すぐさまその細胞の膜電位に変化を起こす。このようにして神経における情報が伝わってゆく。

このように細胞は細胞外からカルシウムイオンを取り込み、また放出する。そのような細胞膜を介したカルシウムのやり取りによって、それがシグナルとして働くのである。しかし細胞は、カルシウムを細胞外から取り込むだけでなく、小胞体とのあいだで、小胞体膜を介したカルシウムのやり取りも行っている。私の研究室では、小胞体膜を介したカルシウムイオンの取り込み、および放出の制御機構、またそれによる小胞体内カルシウム恒常性の維持機構に関する研究を行っているので、以下小胞体を中心に説明することにしよう。

細胞のなかには、細胞小器官と呼ばれるオルガネラが存在することはすでに述べたが、オルガネラのなかで小胞体は主たるタンパク質合成の場であるとともに、カルシウムイオンの主たる貯蔵庫としての役割を持っている。小胞体内腔のカルシウムイオン濃度はサイトゾル（細胞質ゾル）のカルシウムイオン濃度に較べて1万倍以上高い。

いっぽうで細胞外のカルシウムイオン濃度も、サイトゾルに較べて1万倍高いのである。すなわち、サイトゾルのカルシウムイオン濃度は、細胞外、そして小胞体内腔のいずれと較べても著しく（約1万分の1）低い。この事実も、小胞体の内腔は、トポロジー的には細胞の外部と同じだという、その形成の由来（第3章参照）と見事に対応している。

このようなカルシウムイオンの著しい濃度差を維持しているのは、もちろん細胞膜および小胞体膜を作っている脂質二重層の働きによる。いっぽうカルシウムイオンは、必要に応じてサイトゾルに放出されなければならない。それがないと、筋収縮も起こらなければ、その他の多くの細胞機能に障害が起こる。そのために、細胞には、細胞表面の細胞膜にも、そして小胞体の膜にも、カルシウムイオンの出し入れを担っているタンパク質が存在する（【図33】）。これらはいずれも膜を貫通したタンパク質である。カルシウムイオンは、一方へだけ流れては調節にならないので、放出と取り込みの両方向への輸送が必須であり、それらをそれぞれ受け持つタンパク質が両方の

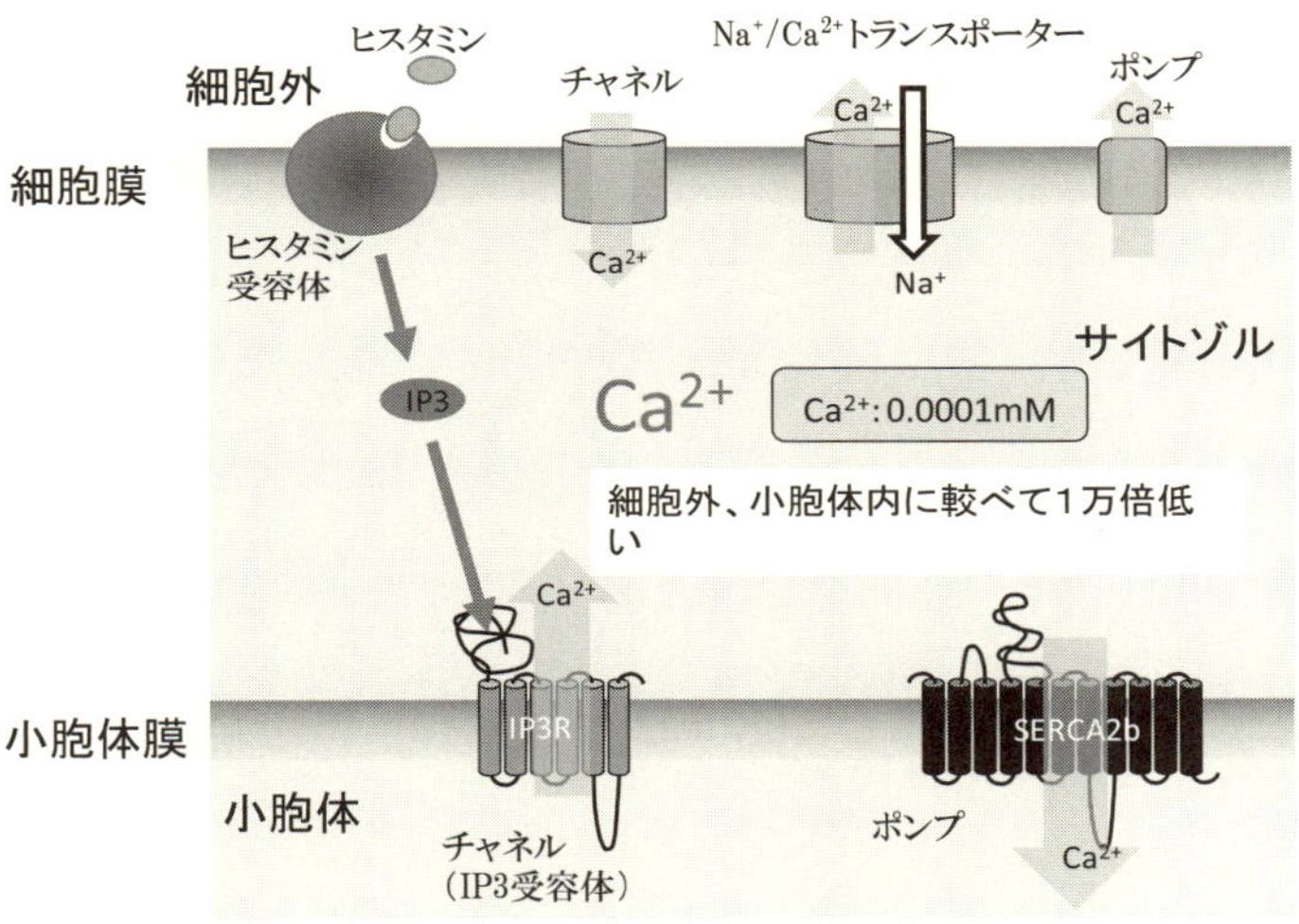

【図33】 細胞膜、小胞体膜のカルシウムチャネル、カルシウムポンプ

膜に存在するのである。

実際に細胞膜にも、小胞体膜にも、それぞれ2種類の装置が存在する（【図33】）。チャネル（孔）とポンプである。細胞膜には、カルシウムイオンを内（低い濃度）から外（高い濃度）へ運び出すポンプと、外（高）からサイトゾル（低）へ流入させるチャネルがある。小胞体膜にも同じように、サイトゾル（低）から小胞体内腔（高）へ運び込むポンプと、小胞体（高）からサイトゾル（低）へ流れ出すチャネルがある。カルシウム濃度の違いを考えれば、ポンプとチャネルの使い分けは理解できるだろう。

カルシウムチャネルと花粉症

サイトゾルのカルシウムイオンを調節するために、これらのチャネルとポンプはどのように働いているのだろうか。小胞体内腔のカルシウムイオンは、小胞体膜上のカルシウムチャネルが開くことでサイトゾルへ流れ出る。なにしろ小胞体内腔はサイトゾルに較べてカルシウムイオン濃度が1万倍も高いのであるから、チャネルを開きさえすれば、瞬間的にカルシウムの流出が起こる。

それではどうしてこのチャネルが〈開〉状態になるのだろうか。いつも〈開〉であれば、カルシウムイオンは流れっぱなし、サイトゾルのカルシウム恒常性がたちまち破綻する。実は、このチャネルの開閉はある種のシグナルによって制御されているのである。小胞体膜上のカルシウムチャネルはＩＰ３受容体と呼ばれるが、その名のごとく、このチャネルはＩＰ３という小さな分子によってそのチャネルの開閉を調節されている。ＩＰ３がこのチャネル（ＩＰ３受容体）に結合すると、スイッチがオンになり、チャネルが開く。即座に、カルシウムイオンの流出が引き起こされるのである。それではＩＰ３はどこから来るのか？(注27)

アレルギーという用語は現代社会ではきわめてポピュラーな言葉になっている。たとえば花粉などを原因とする気道アレルギー性の喘息もその一種である。花粉などが免疫細胞を刺激すると、ヒスタミンという小さな物質が放出される。このヒスタミンが細胞表面のヒスタミンの受容体に結合すると、呼び鈴を押すことになる。このヒスタミン受容体は、ヒスタミンが結合したというシグナルを細胞膜を介して細胞の内部に伝え、いくつかのタンパク質の働きを経て、ＩＰ３という物質を作り出す。こうして作りだされたＩＰ３が小胞体膜上のＩＰ３受容体（すなわちカルシウムチャネル〉を〈開〉状態にして、カルシウムイオンがサイトゾルへ流れ出す（【図33】）。

こうして流れ出したカルシウムイオンは、気管支を取り囲んでいる筋肉（平滑筋）の収縮を促すので、気管支が狭くなり、呼吸困難を引き起こす。花粉症で喘息や呼吸困難が引き起こされるのは、ヒスタミンによって膜上の呼び鈴が押され、それに応じてカルシウムが小胞体からサイトゾルに流れだすことが原因である。アレルギーの症状にあわせて、抗ヒスタミン剤が処方されることがあるが、この抗ヒスタミン剤は、ヒスタミンに構造が似ていて、受容体に結合することによって、ヒスタミンの結合を抑え、それ以降のシグナル伝達を遮断する働きをする。

ここではアレルギー反応という困った反応について述べたが、ヒスタミンは他にも神経伝達物質としても働くなど、とても重要なシグナル分子として働いている。

こうしてサイトゾルへ放出されたカルシウムイオンは、種々の仕事をしたあとは、いつまでもサイトゾルに残しておくわけにはいかない。なにしろサイトゾルのカルシウムイオン濃度は低く保たれなければ、次の仕事ができないからである。速やかに小胞体に運び戻す必要がある。小胞体膜上に存在するカルシウムポンプの出番である。カルシウムポンプはサイトゾルのカルシウムイオンを小胞体に運び戻そうとする。小胞体内腔のほうがはるかにカルシウムイオン濃度が高いので、ここではエネルギーを必要とし、そのエネルギーを「エネルギー通貨」ＡＴＰから得ている。このポンプが正常に働いてくれるお陰で、サイトゾルにはカルシウムが不必要に溜まっていかないのである。

いずれにせよチャネルは、あくまでデフォルトは閉状態であり、あるシグナルが来たときだけ、一時的に開状態になり、ものの通過を許す。この開閉の調節を厳密に行うことによって、細胞の恒常性は維持されている点に注意を払っておいて欲しい。

賢いポンプ

細胞の内と外、あるいはオルガネラの内と外、いずれの輸送においても、濃度の低い側から高い側への輸送には、なんらかのエネルギーが必要である。小胞体のカルシウムポンプはその一例であるが、このポンプはATPを加水分解(注28)することによって、放出されるエネルギーをカルシウムイオンの輸送に充てている。そのような単一の物質だけの輸送に特化したポンプのほかにも、細胞内には種々のポンプが存在する。

たとえばATPのエネルギーを用いないで、しかも濃度勾配に逆らって輸送するというポンプも存在する。栄養素としてのグルコースを小腸上皮細胞に取り込むときに使われるポンプがある。これについてはすでに説明したが、ここでもう一度登場願うことにしよう。

このポンプは小腸上皮細胞の、腸管に面した側の膜に存在する膜タンパク質である。当然、小腸の管腔側のグルコース濃度は細胞内部に較べて低いので、グルコースを細胞内に取り込むのには、本来ならエネルギー通貨としてのATPが必要なはずである。しかし、この細胞はもう少し賢い方法を考えついた。

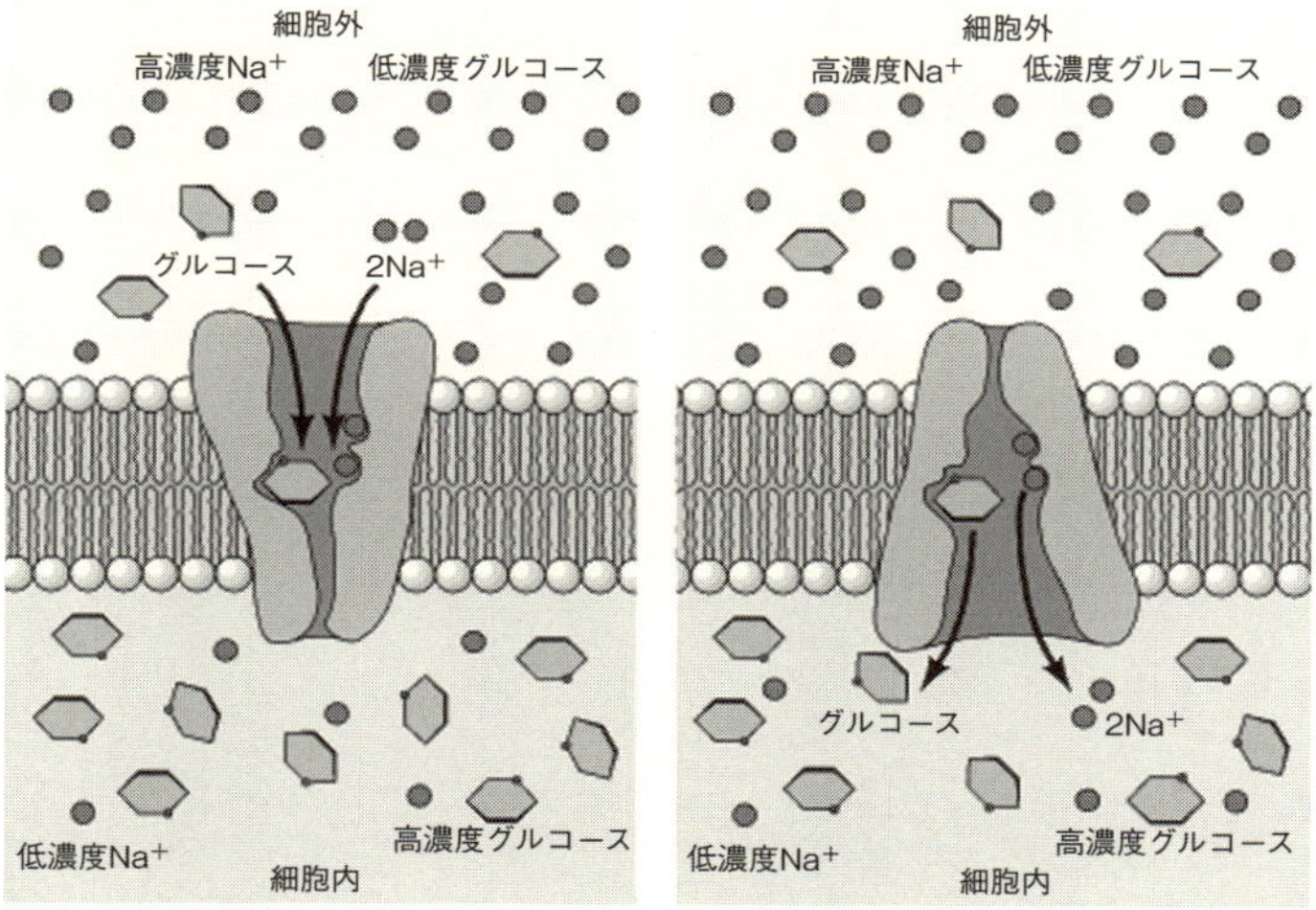

【図 34】 グルコーストランスポーターによるグルコースの膜透過
（ちゃっかり型の輸送・シンポート）

細胞の内外でカルシウムイオンの濃度が1万倍ほども違うことを先に述べたが、ナトリウムイオンもまた細胞の内外で著しく濃度の異なるイオンである。カルシウムイオンほどではないが、細胞外ではナトリウムイオンは、細胞内、すなわちサイトゾルに較べて10倍以上の濃度で存在する。だからナトリウムイオンについてはチャネルを開きさえすれば、自然に外から内へ流入してくるだろう。このナトリウムの流入のエネルギーをちょっと拝借して、他の分子を一緒に運んでしまおうという算段である（【図34】）。なんとも賢い奴である。

比喩的に言えば、ヘリウムガスなどを満たした風船に小石を結び付けてやれば、風船が上昇していく力を借りて、小石が重力に逆らって上昇していく、そんなイメージである。そんなまわりくどい喩えより、図を見てもらうほうがはるかにわかりやすいだろう。【図34左】のように、外に向かって開いているトランスポーターにナトリウムイオン（Na^+）が結合すると、別の部位にグルコースも結合する。ナトリウムイオンの結合によってこのトランスポーターの構造の変化が起き、【図34右】のように今度は内部に向かって開かれた構造となる。ナトリウムイオンは、内部の方がはるかに濃度が低いのですぐに遊離していくが、それにカップルした形で、グルコースもこのトランスポーターからはずれざるを得なくなる。両者がはずれると、トランスポーターは最初の状態に復帰する。結果的に、グルコースは濃度の低い外部から、濃度の高いサイトゾルへ逆輸送されることになる。このときエネルギー通貨たるＡＴＰは「一銭も」使われていないのである。なんとしっかり、ちゃっかりした方法かと舌を巻く。何となく、無賃乗車（ただ乗り）というに近いが、まあ良しとしよう。

グルコースだけでなく、アミノ酸や核酸（ヌクレオシド）なども同じようにナトリウムの流入を駆動力として、細胞の内部に運ばれる。水力発電では高いところから水を落とし、その位置エネルギーを電気エネルギーに変換しているが、この場合はナトリウムイオンの濃度差が、水の位置エネルギーに相当していると考えてもいいだろう。二つの物質のうち一つの流入を駆動力として用い、もう一つの物質を濃度勾配に逆らって運ぶ、これを同じ方向への輸送という意味から、〈シンポート系〉と呼ぶ。

ナトリウムの取り込みは、そのイオンの供給という以上に、他の物質、分子を取り込むための

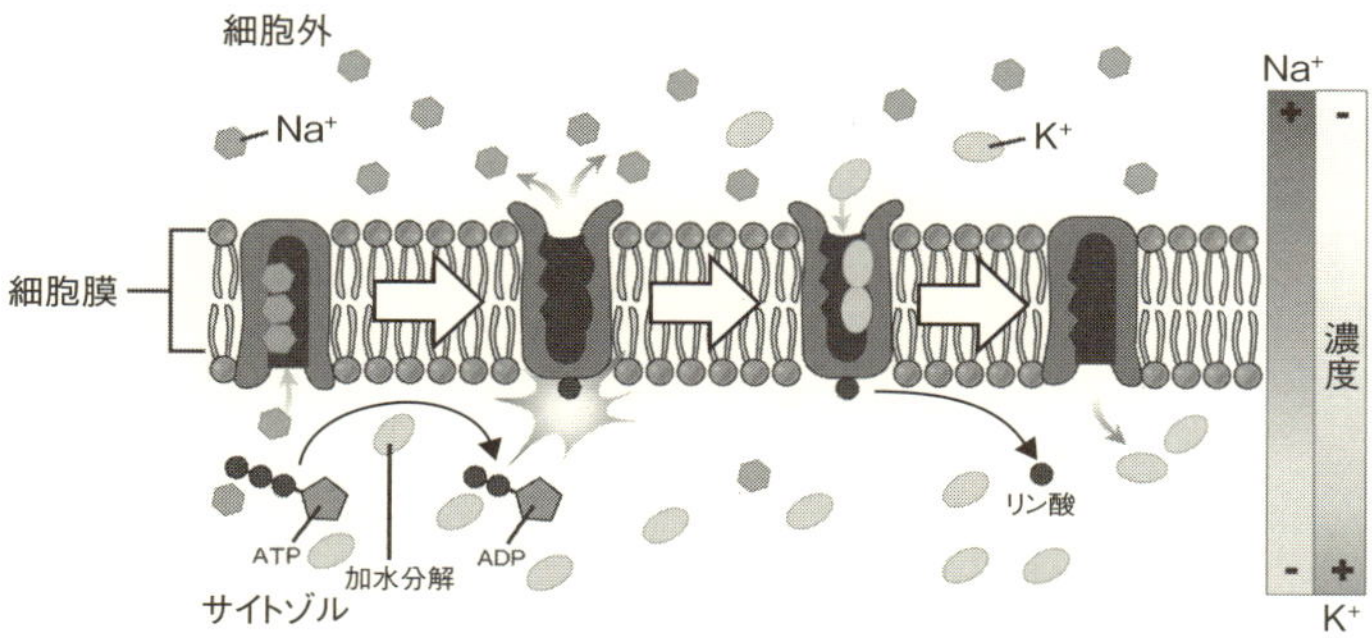

【図35】 Na^+-K^+ポンプによるNa^+とK^+の対面輸送（アンチポート）

駆動力にもなっているのであり、そのほうがむしろ大切なのであるが、ちょっと考えてみればわかるように、これでは細胞内のナトリウムイオン濃度がどんどん高くなってしまうではないか。ナトリウムイオンはどうやって細胞外へ汲み出すのか。

ここで別のタイプのポンプが登場することになる。ＡＴＰのエネルギーを用いるポンプである。しかし単にナトリウムイオンを汲み出すだけではなく、汲み出すかわりに、同時にカリウムイオン（K^+）を細胞の内部に汲み入れるというすぐれものである（【図35】）。

ナトリウムイオン濃度は、細胞外が内部に較べて10倍以上高いことは先に述べたが、カリウムイオン濃度は逆である。細胞内が高く、細胞外は20分の1以下。ＡＴＰのエネルギーを消費して、ナトリウムイオンを低い濃度のサイトゾルから細胞外に汲み出すときに、それとカップルさせた形で、カリウムイオンを同時に低い濃度の細胞外から汲み入れようとするのが、このポンプである。Na^+-K^+ポンプと呼ばれる。

一人二役をするこのポンプも、細胞の外に口を開いている状態と、細胞の中に口を開いている状態の二つの状態を取る。先のグルコーストランスポーターでは、ナトリウムイオンが結合することによって、口の開いている方向が逆になったが、このNa^{+}-K^{+}ポンプでは、ATPの加水分解のエネルギーを用いることによって、その構造を変えて、開く口の向きを変えることが、違いである。サイトゾル側に口を開いているとき、まず3分子のナトリウムイオンを結合する。つぎにATPのエネルギーによって分子の構造変化を起こし、外側に口を開いて、ナトリウムイオンを放出する。

これはポンプであるから、もう一度もとの形に戻って、次のナトリウムイオンを汲み出さなければならないが、タダでもとの状態にもどるというような不経済なことはしないで、帰りにもう一仕事するのである。先のナトリウムを放出した状態は、今度は細胞外のカリウムイオンを結合できるポケットが外に向かってオープンになっている。そこに2分子のカリウムイオンが結合し、もう一度口を内側に開いた構造にもどることによって、カリウムイオンがサイトゾルに取り込まれる。開いている口を内、外、内と1サイクル変化させるごとに、それぞれの分子を逆方向に輸送するのである。なんともあっぱれな倹約精神と言うべきか。

1個のATP分子を消費するだけで、ナトリウムイオンもカリウムイオンも、それぞれ濃度の低いところから高いところへ汲み入れられる。これらは二つの物質を互いに逆方向へ能動輸送するシステムであり、〈アンチポート系〉と呼ばれる。

トランスポーターとがんの多剤耐性

イオンの輸送について見てきたが輸送されるものはイオンだけではない。がんの化学療法では抗がん剤が用いられる。抗がん剤にはいろいろな作用機構をもったものが多数知られているが、多くの場合、最初の治療によってがん組織は大きく縮退する。もちろんうまくコントロールできる場合もあるが、やがて生き残ったがん細胞が再び増殖するという局面を迎えることが多い。再発と呼ばれるが、これが曲者であり、こうして生き残ったがん細胞にはそれまでの抗がん剤が効かないことが多い。

最初に使った抗がん剤に対して耐性をもった細胞が生き残ったから、効かなくなったとだれもが考える。そこで別の抗がん剤を試してみる。ところがこの抗がん剤に対しても耐性を持ってしまっていることがある。いくつもの薬に対して耐性を獲得したことになるので、これを「多剤耐性」という。不思議である。なぜAという抗がん剤に耐性になったがん細胞が、Bという別の抗がん剤にも耐性を持つのか。

この多剤耐性獲得のメカニズムの一つとして、薬剤を細胞の外へ輸送するタンパク質MDR1が発見された。多剤耐性（multi-drug resistance）の頭文字をとってMDR1と名づけられた。抗がん剤に対して生き残ったがん細胞には、このMDR1タンパク質が誘導されている。抗がん剤を投与しても、その抗がん剤をMDR1が細胞内から細胞外へと排出してしまうので、効きが悪くなるのである。もちろんがん細胞も1個の生き物であるから、自己の生存に都合の悪い物質は排除してしまうに越したことはない。MDR1遺伝子を活性化して、細胞外への排出効率をあげようとするわけだ。それが、がん細胞にはよくても宿主には困るというだけの話である。

MDR1は、現在ではもっとも大きな輸送タンパク質グループ、ABCタンパク質の一員であることがわかっている。ABCタンパク質は、多くは6〜12回の膜貫通ドメインを持ったタンパク質であり、ATPの加水分解エネルギーを使って、化合物をサイトゾルから細胞外へと排出することができる。

ABCタンパク質はそのような抗がん剤に対してがん細胞を護るためだけに存在しているのだろうか。抗がん剤などという、20世紀も後半になってやっと人類が作りだした薬剤に対抗するために、何万年も前からその排出のための装置を用意していたとはとても考えられない。ABCタンパク質の役割はほかにあって、たまたま抗がん剤もその輸送の対象になったと考えるのが、生物学的には妥当である。

ヒトには約50種類のABCタンパク質があると報告されている。そのそれぞれで運ぶ化合物が違っている。ABCタンパク質が輸送の対象としているものは数多いが、抗がん剤を含む脂溶性物質、イオン、アミノ酸やペプチドまで含まれている。細胞の内から外へ排出するだけでなく、外から取り込むものもあり、さらにオルガネラの膜を介して、サイトゾルとオルガネラ間の輸送にもABCタンパク質が関わっている例もある。

嚢胞性線維症と呼ばれる重篤な遺伝病がある。特に白人に発症率が高く、欧米白人では2500人に1人と言われる。水分の流れに異常をきたし、粘液の粘性が高くなりすぎることによって、肺や膵臓、肝臓などに重篤な機能障害を引き起こす病気である。この原因遺伝子として特定されたタンパク質が、ABCタンパク質のファミリーの一員であった。このタンパク質のどこかたった一つのアミノ酸に変異が起こることによって、この病気が起こるのである。このタンパク質は、実はABCタンパク質として塩素イオンの輸送を行っている分子なのであった。膜を介したイオンの輸送に異常が生じると病気になる代表的な例の一つである。

膜からコレステロールを引き抜く

抗がん剤や塩素イオンなどを細胞の中から外へ運び出すだけでなく、ABCタンパク質の中には、膜の成分そのものを細胞の外へ運び出すもののあることが知られている。

コレステロールは肥満の張本人であるかのような、いかにも悪役の役回りを振られているが、もちろん生体には必須の分子である。まず第2章（54ページ）で述べたように、動物細胞の膜の25%を占める主成分の一つである。さらに肝臓から分泌される胆汁酸はコレステロールから作られる。両親媒性の性質（界面活性剤としての性質）を利用して、消化管内で脂肪滴を乳化させ、脂肪の消化を助けるだけでなく、コレステロールが代謝されて、男性ホルモンや女性ホルモンを作ることもよく知られている。

善玉コレステロール、悪玉コレステロールと呼ばれるのは、コレステロール自体に善悪の区別があるのではなく、血中を輸送されるさいにコレステロールが複合体を作るリポタンパク質の違いによるのである。

コレステロールは肝臓（および皮膚）において作られ、肝臓から血中に入って末梢にまで運ばれる。食事として摂取されたコレステロールもまずは肝臓に運ばれるが、実際には、総コレステロールの20％程度が食事からとられたモノであり、残りは肝臓で作られる。しかも、食事から摂取したコレステロールが少なければ肝臓で多く合成され、逆に摂取量が多ければ合成量は少ない。次章で述べる見事なフィードバック調節の例である。従って、健康なヒトであれば、食物中のコレステロールは健康にはまず影響がないということで、厚生労働省の一日の摂取基準は取り消されることになった。

肝臓に運ばれ、あるいは肝臓で作られたコレステロールは、末梢の細胞にまで運ばれるが、この時、コレステロールは水に溶けないので、末梢までの輸送には、なんらかのキャリアを使わなければならない。ＬＤＬ（低比重リポタンパク質）という、タンパク質にコレステロールが抱え込まれた状態で血中を流れ、末梢へいたる【図36】。これを悪玉コレステロールと呼ぶ。この値が高いと末梢の細胞にコレステロールが過剰になり、動脈硬化の原因となるからである。

一方で、末梢から肝臓へコレステロールを運び戻す経路も存在し、この時、コレステロールを抱き取って運んでゆくのはＨＤＬ（高比重リポタンパク質）であり、これは善玉コレステロールと

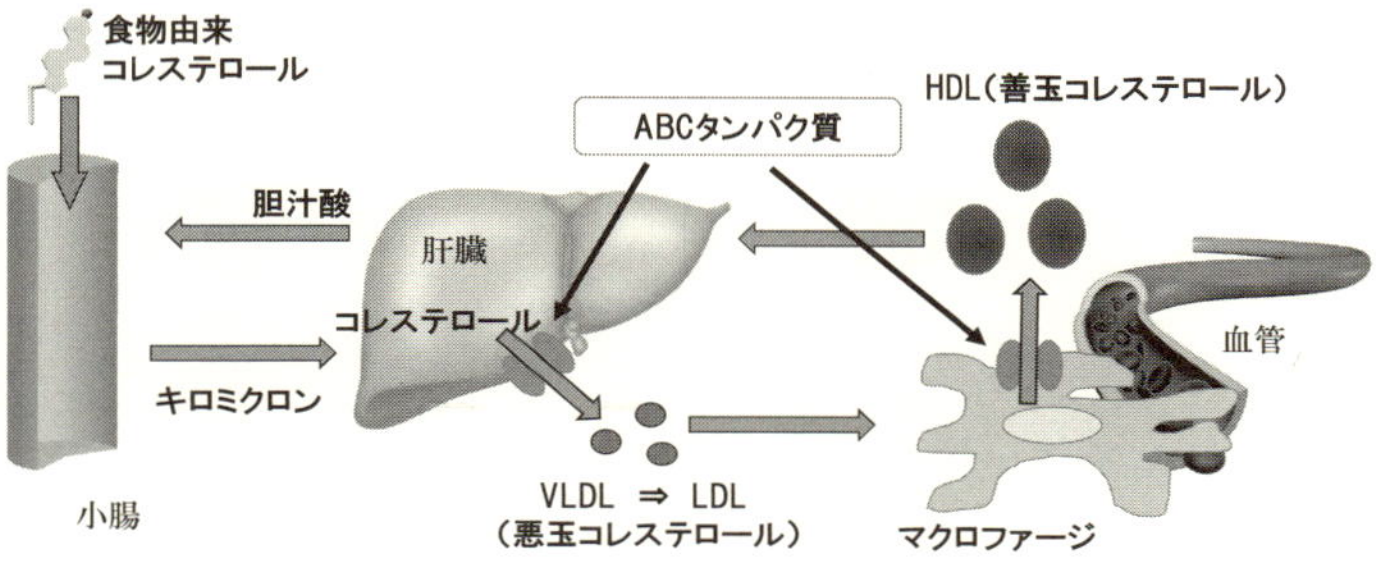

【図36】 コレステロールとABCタンパク質

呼ばれる。動脈硬化などの危険因子としては、総コレステロール値よりは、ＨＤＬとＬＤＬのそれぞれの比率が重要な因子と考えられるようになった。

もし善玉コレステロール（ＨＤＬ）によって、末梢の細胞からコレステロールが除去されなければ、末梢の、特にマクロファージと呼ばれる細胞にコレステロールが蓄積することになる。コレステロールを溜め込んだマクロファージが血管壁に付着することによって、アテローム（粥状）層が形成され、動脈硬化を発症する。

アメリカ東海岸バージニア州のタンジール島で、血中の善玉コレステロール（ＨＤＬ）がほとんど検出されないという不思議な遺伝病が見つかり、タンジール病と呼ばれることになった。患者は若年で狭心症や心筋梗塞を起こす。この原因遺伝子の探索が行われた結果、１９９９年、この遺伝病においてはＡＢＣタンパク質の一つが遺伝的に変異を起こし、そのタンパク質が機能できなくなっていることが明らかにされた。

このＡＢＣタンパク質は末梢のマクロファージなどの細胞膜に

蓄積しているコレステロールを引き抜き、血中を流れているリポタンパク質に引き渡してＨＤＬを産生するのが役割である（【図36】）。タンジール病では、このＡＢＣタンパク質に遺伝的変異が起こることにより、末梢の細胞からコレステロールが除去されなかったのだ。

膜で取り囲んで吐き出す・開口分泌

タンパク質の分泌については、すでに見てきた（第5章）。分泌タンパク質が合成されるときは、小胞体の孔（トランスロコン）にポリペプチドを押しこんでゆくという形で輸送をした。この孔は小さいので、タンパク質はアミノ酸のヒモとして糸通しのように孔を通過していったのである。トンネルを抜けるとそこは雪国、ということで、小胞体の内腔側はすでに細胞の外部であった。

小胞体以降、ゴルジ体を通って細胞膜までの旅は、袋（小胞）に包まれての小胞輸送であった（第5章）。タンパク質は折り畳まれて三次元的な形をとっており、次々と袋に詰め替えられてはオルガネラを通過し、最終的に細胞膜に小胞が融合することで、中の積み荷が細胞外へ分泌される（【図37】）。開口分泌（エキソサイトーシス）と呼ばれる。大きな分子は、コンテナに積み込んで、目的地に着いたら、コンテナの扉を開いてそのまま降ろしてしまうというイメージであろうか。

小胞には行き先を表示した宛名タンパク質が、融合する相手の膜にはそれを認識できる表札にあたるタンパク質があることもすでに述べた。

大きな分子を細胞内に取り込む方法も、この開口分泌を逆にしたような方法で行われる。これをエンドサイトーシスと呼ぶ。エンドサイトーシスは食作用と飲作用の二つに分けられる。食作用は大きな微生物や死んだ細胞などを食べてしまうもので、食細胞（マクロファージ）という細胞が主な担い手である。特に病原菌などを食べて、細胞内で分解し、分解産物を細胞表面に提示することで、それをリンパ球（ヘルパーT細胞）が認識する。これは抗体を作るのに重要な過程である。

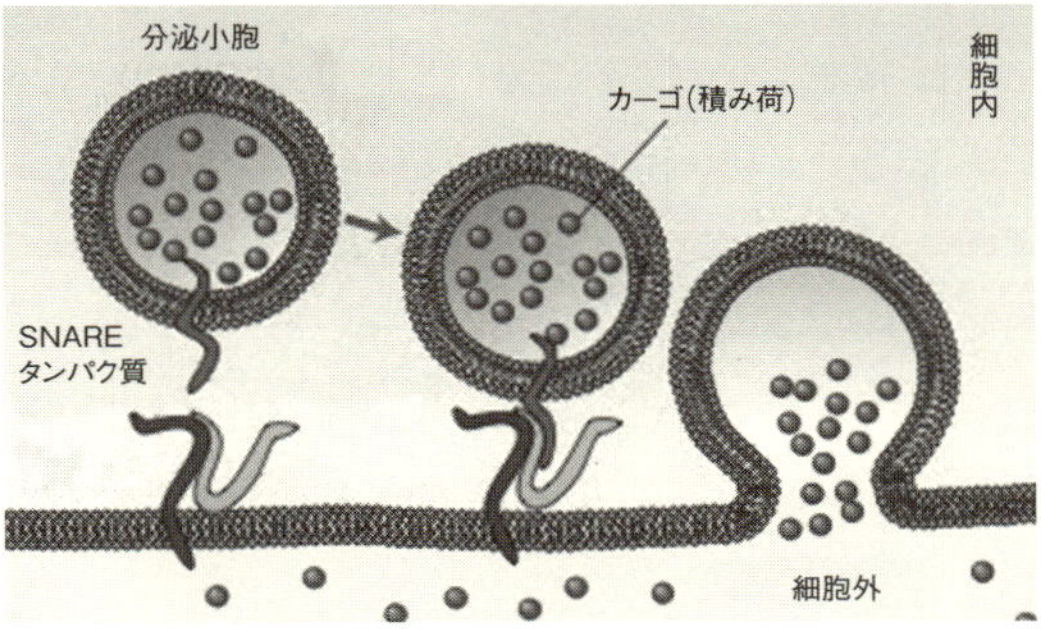

【図37】 エキソサイトーシス（開口分泌）

飲作用は小さな分子や栄養素を細胞外液ごと取り込むというもので、多くの細胞がこの方法で外部からの摂取を行っている。

開口分泌にせよ、食作用、飲作用による物質の取り込みにせよ、いずれも膜の融合あるいは出芽を伴っているのが特徴である。チャネルおよびトランスポーターによる物質の輸送が、タンパク質が膜になんらかの通路を作ったり、タンパク質の構造変化を通じて膜を潜り抜けてなされる膜透過であったのに対し、ここで見られるのは、膜そのものが融合したり、膜そのものがくびり取られたりすることで、膜の囲む空間ごと別の空間に移行するのである。膜透過はトポロジーの変化を伴っていたが、融合、出芽はともにトポロジー的には等価なのである。

情報はどのように細胞に入ってゆくのか

ここまでは膜を介したモノの出し入れを扱ってきた。膜を介した外部と内部の連絡は必ずしもモノの出入りを介したものでなくてもいい。その大切な一例に、情報の授受、あるいは伝達がある。

細胞は常に環境からの影響（シグナルと言ってもいいし、ストレスと言ってもいい）を受けている。外界からのシグナルに何らかの反応をするという性質が生命だと言ってもいいだろう。一般にはシグナル伝達という言葉で呼ばれることが多いが、この場合には、たとえシグナルが外部からやってきて、そのシグナルが細胞膜を通って内部に伝達される場合でも、膜を介した〈物質〉のやり取りはないのが普通である。モノのやり取りがないのに、外部の刺激が内部に伝わる。その機構はどうなっているのだろう。

単細胞生物におけるシグナルは、単純に外界からのものと考えてもいいが、ヒトのように高度な多細胞生物においては、シグナルは必ずしも外界からだけではなくて、神経をはじめとする他の臓器、組織からのシグナルによって、個体としての恒常性の維持が図られているし、隣り合う細胞同士が互いにシグナルをやり取りしつつ、例えば心筋細胞のように一定のリズムでシンクロナイズ（同調）された動きをしている場合もある。

これらのシグナルはどのように細胞の内部に伝わるのか。いろいろな場合があるのだが、典型的なシグナルの受容は、細胞膜に存在するシグナル受容体（レセプター）によってキャッチするというものである。受容体に結合する物質をリガンドと呼ぶが、リガンドとしては、アセチルコリンやエピネフリン（アドレナリン）などの神経伝達物質やホルモン、細胞の増殖因子、カルシウムなどのイオン、匂い物質なども含まれる。発がん物質を含むさまざまの薬剤などもそれぞれの受容体に結合し、細胞にシグナルを与えるものがある。ステロイドホルモンなどのように脂溶性ホルモンの場合は、細胞膜を通り抜け、サイトゾルの受容体に直接結合するものもある。

どのように匂いを感じているかなども近年急速に研究の進んできた分野であるが、哺乳類の場合、どうやら匂いの受容体だけで１０００種類くらいはあるらしい。もちろん匂い物質のバラエティは１０００種ではきかないだろうが、複数の受容体が活性化され、その組み合わせとして匂いの微細な違いを感じわけているのだろう。

シグナル伝達の引き金は、リガンドがその受容体に結合することから始まる。ここでは膜表面にリガンドの結合部位がある典型的な受容体を例に説明してみよう。

リガンドが結合した受容体は、構造変化などを通じて、膜の内側に情報を伝える。たとえば典型的な受容体として7回膜貫通型のものがあり、これは自然界で最大のタンパク質ファミリーを作っている。２０００種を越えると言われているが、シグナルを受け取ってそれに反応するということが生命にはそれほどに大切であるということの反映でもある。

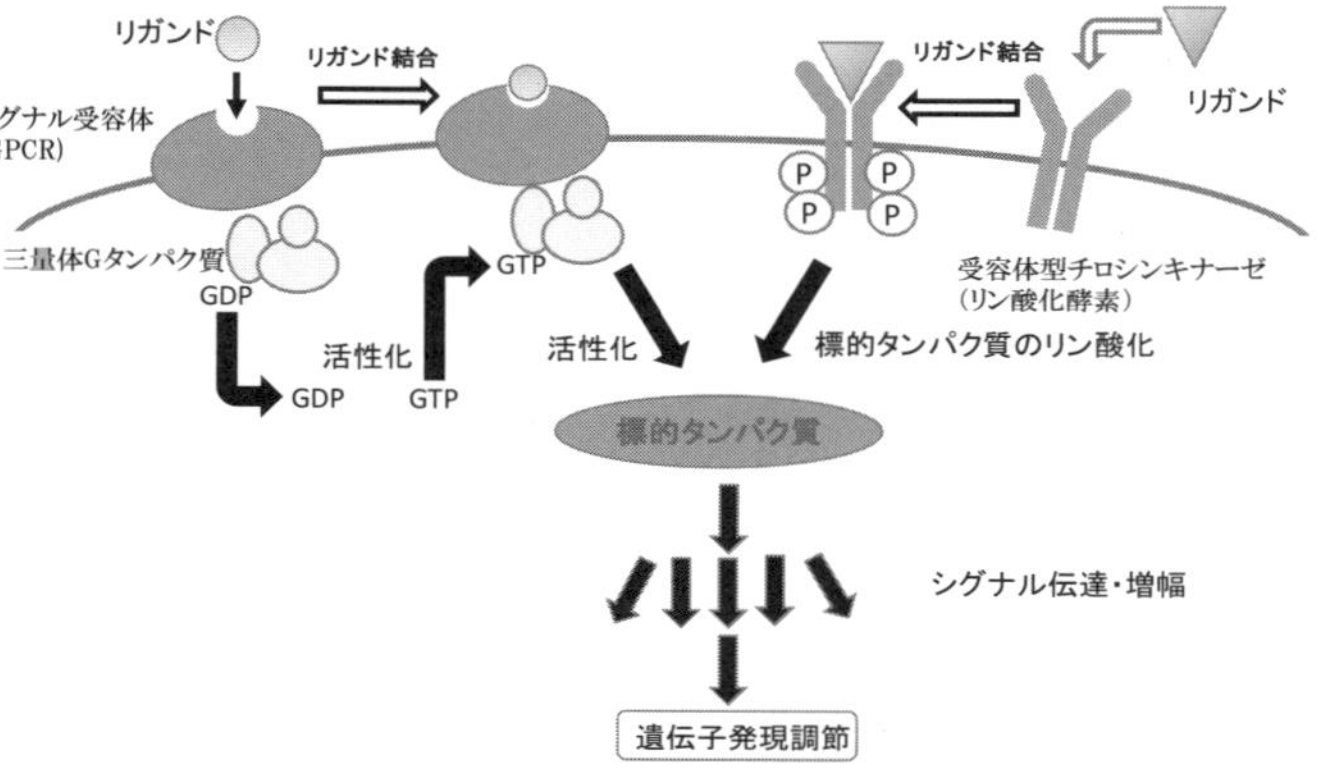

【図38】 細胞表面受容体によるシグナル伝達。
三量体Gタンパク質はGTP結合によって活性化され、受容体型チロシンキナーゼはリガンドが結合すると標的タンパク質をリン酸化することで情報を伝える。

7回膜貫通型受容体（GPCRと呼ばれる）は、サイトゾル側で三量体Gタンパク質と呼ばれるこれも大きな複合体に結合し、それを活性化する（【図38】）。三量体Gタンパク質の活性化は、それにGTPというATPに類似の分子が結合することによって引き起こされ、活性化された三量体Gタンパク質がさらに下流の標的タンパク質を活性化することによって、活性化シグナルはどんどん下流に伝達されるのである。

受容体にリガンドが結合することによって、サイトゾル側にあるタンパク質リン酸化酵素を活性化し、それが標的タンパク質をリン酸化することによって、情報の伝達をする場合も多い。この場合、特にチロシンというアミノ酸のリン酸化を通じて活性化情報が伝えられるものがよく知られている（【図38】）。

いずれの場合も、リガンドが受容体に結合することによって、その下流で複数回のシグナル伝達が起こり、その度ごとに、シグナルが増幅される。つまり上流因子が複数の下流因子に結合することによって、同時に複数の因子を活性化するのである。こうして活性化されたいくつかの分子は、あるものは直接に何らかのタンパク質の機能を制御したり、ある場合は核に作用して遺伝子発現を制御したりする。つまり細胞外部のさまざまな刺激によって、細胞の行動や、遺伝子発現や、内部構造などの変化が促される。

この場合は、膜は開くということはないし、いかなる物質の流入もない。膜の外に出ている呼び鈴が押されることによって、膜を介して繋がっていた電線に信号が走り、それが家の中のチャイムを鳴らす、そんな外部と内部の連絡が、シグナルとその受容体による、外と内の連絡なのである。

先にイオンチャネルは通常は閉じていて、何かシグナルにさらされたときにゲートが開くと記した。たとえばアセチルコリン受容体という受容体がある。これは受容体でもあるが、イオンチャネルでもある【図39】。この受容体のリガンドは名前の通りアセチルコリンという神経伝達物質である。骨格筋の細胞膜などにこの受容体が多いが、2分子のアセチルコリンが受容体に結合すると、瞬間的に受容体自身のイオンチャネルが開いて、1000分の1秒ほどゲートが開き、ナトリウムイオンが細胞内に流入する。ナトリウムイオンの流入によって、細胞の内外で陽イオンの濃度に偏りができるので、膜に電位差が生じる。この膜の電位差は活動電位と言われるが、これが神経の興奮として神経細胞の膜を伝わり、筋肉に到って、筋肉の収縮を引き起こす。シグ

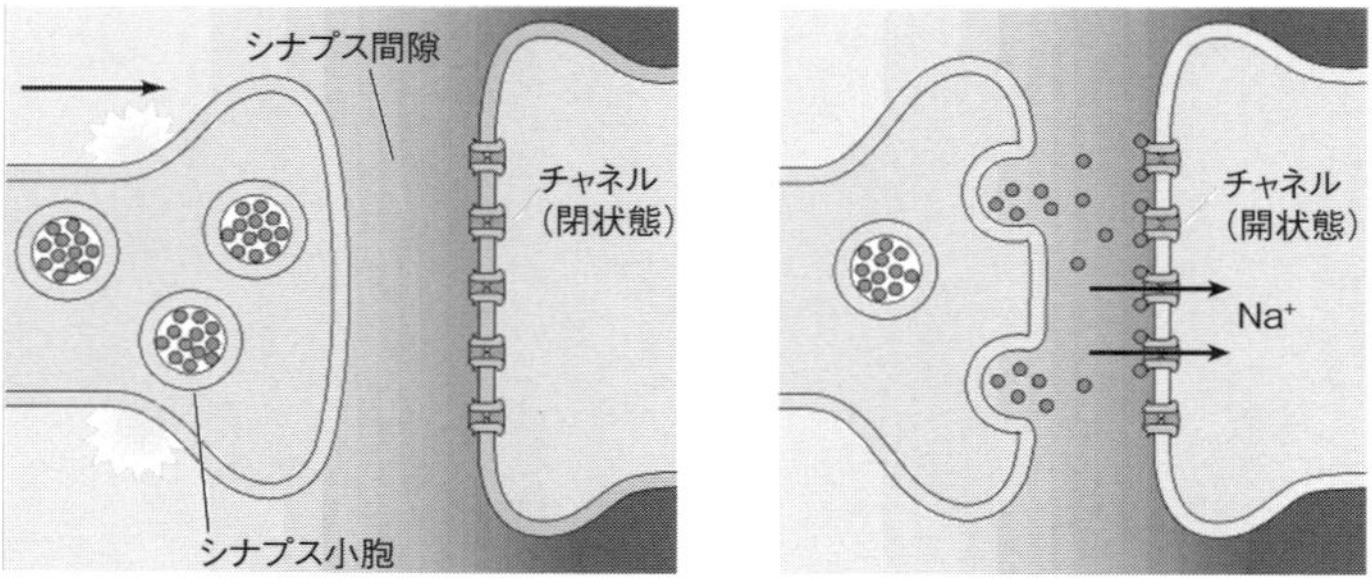

【図39】 神経伝達物質による神経情報伝達 アセチルコリン（ACh）の場合、２分子のAChが受容体に結合すると、ゲートが１ミリ秒ほど開口し、Na^+イオンがチャネルを通過し、膜分極が起こる。

ナル自体は内へは伝わらないが、ナトリウムイオンの流入という形でシグナルを伝えている例である。

今日君と目が合いました指先にアセチルコリンが溜まる気がした　　永田　紅

若い理系の学生の短歌である。目が合っただけで緊張して動けなくなった作者は、習ったばかりのアセチルコリンと筋収縮を思いだしたのだろうか。

アセチルコリンは神経伝達物質であり、ある化学物質が細胞表面に到達することによって、情報伝達が行われるものであるが、もっと目に見えないものが情報伝達に関与する場合もある。その例として、温度の感知という点を考えてみよう。

温度はどう感知しているのか。末梢神経において温度を感じていることは間違いないだろうが、近年、この温度を感知する受容体、温度受容体が明らかになってきた。これも細胞表面にあって、6回膜を貫通するタンパク質である。このタンパク質は、ある一定以上の温度（哺乳類なら43℃程度）にさらされると、構造変化を引き起こし、細胞外からナトリウムイオンやカルシウムイオンの流入を許す、陽イオンチャネルであることが明らかになった。温度が高くなってチャネルが開くと、陽イオンが末梢神経細胞内に流入する。先ほどと同様活動電位を誘導し、これが神経の興奮として神経細胞の膜を伝わり、脳で温度を感受するのである。温度受容体は、痛覚に関与する受容体をも兼ねており、ある一定以上の温度（熱）は痛覚としても感受される。

このように細胞表面にある受容体が、細胞外からのシグナルを感知して、それを細胞内に伝えたり、カルシウムやナトリウムなどのイオンの流入を介して、シグナルを伝える。膜を介した、情報のやり取りは、細胞が生命活動を営む上では必須のメカニズムなのである。

（注25）疎水性は水に馴染みにくい性質のこと。疎水性と脂溶性（油に溶ける性質）はほぼ同じ意味で用いられる。
（注26）
ＡＴＰの構造

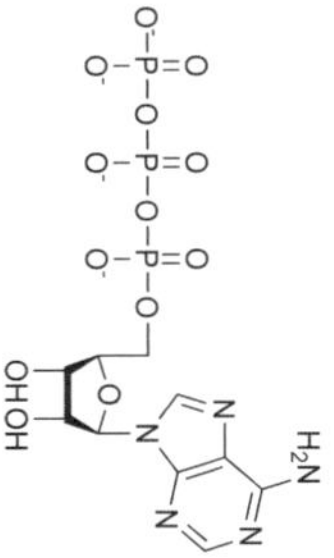

ATP ＋ H_2O ⇆ ADP ＋ Pi ＋ エネルギー

この反応で得られるエネルギーは、ＡＴＰ１モルあたり７・３キロカロリー、すなわち６×10^{23}個のＡＴＰがＡＤＰに加水分解されると、７・３キロカロリーのエネルギーを生み出すのである。

（注27）ＩＰ３はイノシトール三リン酸（イノシトールトリスリン酸）と呼ばれる低分子化合物。膜のリン脂質が分解されて作りだされ、シグナル分子として作用する。

（注28）ＡＴＰからリン酸基を１個切り出すことによって、ＡＴＰはＡＤＰになる。この反応には水１分子が必要であり、一般に分解に際して、水分子を必要とする反応を加水分解と呼ぶ。

第二部　恒常性の維持は生命活動の最大のミッション

第7章　フィードバック制御と恒常性維持

需給バランスとフィードバック

私は経済の専門家ではないので、陳腐な例になることを覚悟で、商品の値段の推移をシミュレートしてみよう。

たとえばある野菜に人気が出て、多くの人が買い求めるようになると、需要と供給のバランスから、とうぜん価格は高騰するだろう。値段が上がれば、それを作ろうとする意欲が増し、徐々に供給量の上昇がみられるようになるはずである。そうして、今度は供給が過剰になってくると、価格は再び需給バランスを反映して低下傾向を示すことが考えられる。とうぜん儲けは減ることになるわけだから、やがて供給量の減少へと需給のバランスは移ってゆくことになる。

まことに常識的な図式だが、このとき、生産を促したり、あるいは抑制したりする圧力が、商品の値段であることは、改めて言うまでもない。アウトプット（出力）としての商品の価値が高い場合には、生産が加速し、逆に商品の値段が安い傾向にある場合には、おのずから生産に歯止めがかかる。

生産という過程と、商品の価格形成という、生産のあとに続く別の過程とが、互いに相互に連関しながら、システム全体のフローが決まっていく。別の言い方をすれば、アウトプットがその前のプロセス（上流）に影響を与えているのである。

このような力関係、あるいは制御系は、フィードバック制御と呼ばれる。

さまざまの系において、入力（インプット）があって初めて出力（アウトプット）が生み出される。この出力そのものが入力に影響を与えるような仕組みをフィードバックと呼ぶ。出力の増加が入力の上昇を引き起こす場合を「正のフィードバック」、逆に出力の増加が、入力の抑制を引き起こす場合を「負のフィードバック」と呼んでいる（【図40】）。

商品の価格上昇が、最終的に生産の減少に繋がるような貨幣経済における生産調整は、「負のフィードバック」、すなわち「ネガティブフィードバック」の例である。このような負のフィードバックは、経済だけでなく、さまざまの分野において普通に見られる制御機構である。

我々は、動物細胞や大腸菌などの培養を行うとき、恒温槽、あるいはインキュベータ（培養器）のなかで細胞や菌の培養を行う。このとき温度管理はとても大切であり、通常、動物細胞は37℃で培養を行う。インキュベータの温度を37℃に設定しておくと、外気温に関係なく、その温

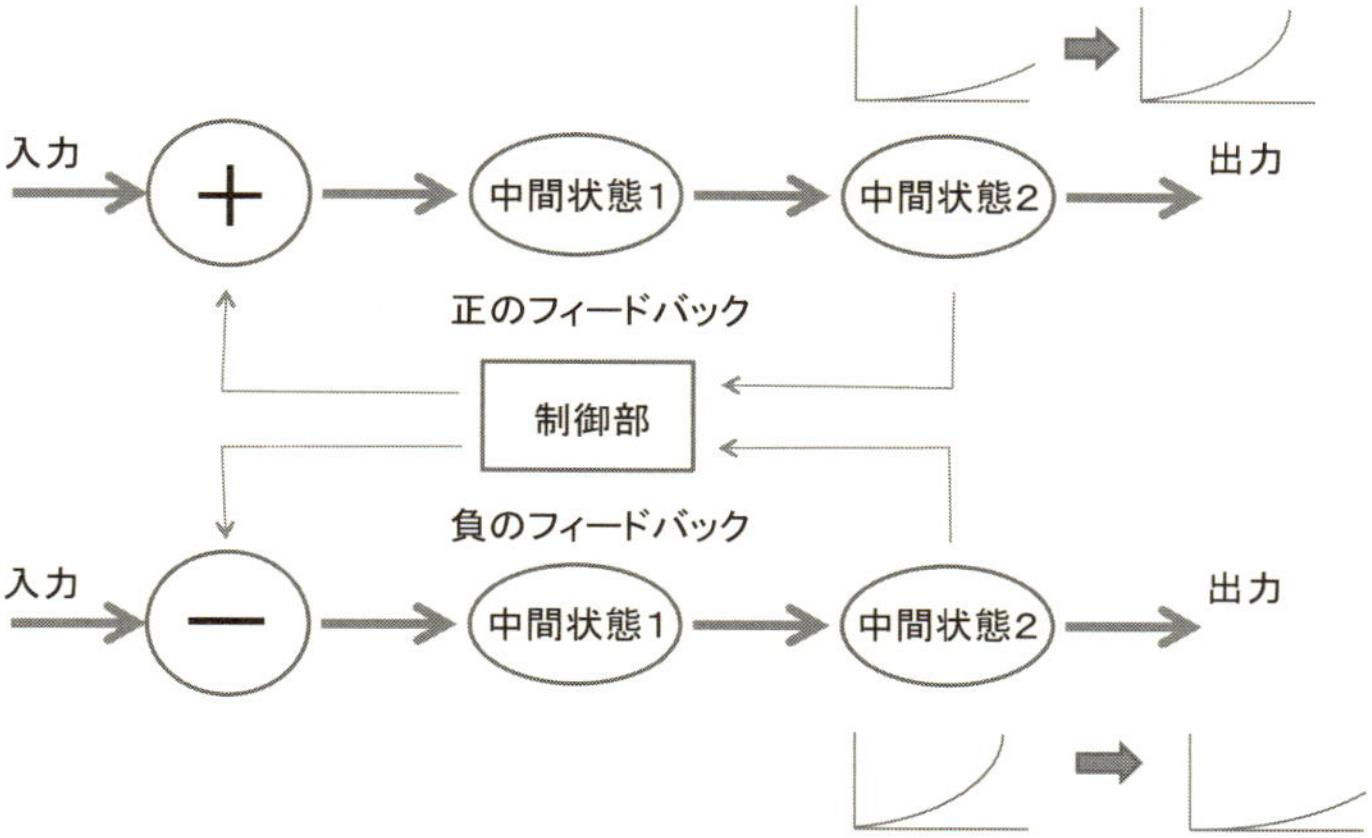

【図40】 正と負のフィードバック制御

度が維持される。サーモスタットという言葉さえもう忘れられようとしているほどに普及した装置である。いまや何の不思議もなく、当たり前のように使っている仕組みであり、インキュベータだけでなく、冷蔵庫やエアコンディショナーなどの家電製品でも当然のように、温度コントロールの機構を備えている。

温度が設定温度を越えると、その出力としての温度を感知して、入力のスイッチがオフになる。逆に温度が低くなりすぎると、入力がオンになり加熱されることで、インキュベータ内の温度が上昇する。まさに負のフィードバックである。

正のフィードバックとパニック

負のフィードバックは結果としての出力の暴走、行き過ぎを抑えるための自己管理、あるいは保護機構であるが、我々の社会でもときおり、このようなコントロールが効かなくなる場合がある。

少し古い話になるが、昭和48年、トイレットペーパーが無くなるという事件があった。第2次田中角栄内閣の時代である。産油国が原油価格を上げると発表したため、世界的に石油価格上昇を危惧したいわゆる「オイルショック」が引き起こされた。政府は紙の節約を呼びかけたが、そこから紙が無くなるという噂が拡がり、まず大阪の千里ニュータウンのスーパー（だったか）で、紙が無くなると宣伝したところ、主婦が殺到し、トイレットペーパーがたちまち無くなるという騒ぎとなった。それを新聞社が紙面で報道したため、あっという間に全国に広がり、値段も高騰した。値段の高騰は普通なら購買意欲を減少させるはずなのに、その時はそれが逆に作用し、たちまち全国のスーパーで在庫切れが続出した。それがまた不安を煽って騒ぎを大きくするという連鎖反応を起こし、大パニックに発展したのである。京都大学のトイレでも、いくら補充してもすぐに無くなるという、大いに愉快な経験をしたものだ。世に言う「トイレットペーパー騒動」である。

程度の差こそあれ、このような流言飛語によるパニックは往々にしてみられる。「無くなるかもしれない」という不安を持ったところに、無くなったというニュースが流れる。噂が噂を呼んで、どんどん騒動は拡大する。

行き過ぎを抑制して、元の状態へ戻そうとするのが負のフィードバックであるが、この場合は逆で「正のフィードバック」の例と言ってもいいだろう。

そもそもパニックという現象自体、正のフィードバックに由来するものである。「幽霊の正体見たり枯れ尾花」ということわざはよく知られているが、枯れた芒《すすき》を見ても、それが幽霊に見えてしまう。そう見えるのは、ヒトの心のなかに怖い、怖いという思いがどんどん募っているからである。初めは暗くてちょっと不気味だ、くらいの気分でいても、その気分をうまく振り払えないと、次第に怖いと思う気分が、怖さ自体を増幅する。いろいろの怖い体験などを想起することで、怖さの記憶が現在の心理のなかにどんどん集積し、追い込んでゆく。それが臨界に達しようとしている状態で、芒の揺れるのを見るとすると、正常の心理では容易に見分けられるものが、一気に幽霊などへとフラッシュしてしまう。あるいは被害妄想などという心理状態も、多かれ少なかれ、負のフィードバックがうまく働かず、逆に正のフィードバック状態に陥ってしまった症例だと言ってもいいかもしれない。

２００８年9月15日に、アメリカ合衆国の投資銀行であるリーマン・ブラザーズが破綻したことに端を発して、続発的に世界的金融危機が発生したいわゆるリーマンショックも、このような不安が不安を誘い、連鎖的にカタストロフィ（破局）に至った例であろう。政府や大銀行によるリーマン・ブラザーズの救済が不調に終わったことを背景にして、同社発行の社債や投信を保有している企業、取引先へ影響がどんどん増幅され、ついに世界的な金融危機へと連鎖した。日本にもその影響は甚大で、回復には長い時間がかかり、今もなおその影響を引きずっていることはよく知られたことである。

正のフィードバックは、先のトイレットペーパー騒動のような人為的な現象だけでなく、自然界においても見られることがある。たとえば雪崩なども典型的な正のフィードバックの例である。小さな雪塊が斜面を転がる。止まればいいのだが、それが転がる過程である臨界値を越えてしまうと、自身のまわりにどんどん雪をくっつけながら、成長しつつ転がり続けることになる。やがてコントロールできない一面の雪崩に。

厳密には正のフィードバックすべてが同じ過程をたどるわけではないが、正のフィードバックの問題点は、いったんシグナルがオンになると、アウトプットがどんどん自己増幅されていくという危険性があるという点である。そして、それはやがてコントロールできないカオスへと展開することになる。初めは取るに足りない小さな出来事だったものが、取り返しのつかない大パニックになるのは、多くの場合、この正のフィードバックに起因する。

いっぽう負のフィードバックは、行き過ぎてしまわないよう出力を監視しながら、入力の調節を行うものであり、生命活動を考えるとき、必須の調節メカニズムである。生体反応のもっとも重要な制御装置と言っても過言ではない。比喩的に言えば、負のフィードバックはおそるおそる足を踏み出す動作に似ている。一歩踏み出す。ちょっとまわりを見渡して、大丈夫そうであれば、もう一歩踏み出す。そこでぬかるみに触れれば、すぐに足をひっこめる。そんなイメージ。

生命現象の基本は、一個の個体として、あるいは生命の基本単位である細胞として、システムの恒常性を保っていることを必須の要件としている。それゆえ生命維持を担う根幹となる大切な制御は、負のフィードバック制御である。行き過ぎれば、スイッチを切ったり、反応が低すぎれば、逆にスイッチを入れたりして、平衡を維持しようとする。そのことによって、生命は生命としての恒常性を保っている。恒常性はすなわちホメオスタシスと呼ばれる。

正のフィードバック・血液凝固系

ここでは、主として生体および細胞における負のフィードバックの実際を、そしてそれがどのように恒常性維持に働いているかを、いくつかのレベルの制御機構を通じて見ていこうとしているが、その前に、それでは生命現象において正のフィードバック機構というものはあり得るのかどうかについて先に見ておこう。

正のフィードバックは、雪崩やトイレットペーパー騒動について述べたように、ある刺激がどんどん膨らんで、収拾がつかなくなり、最終的にカオス、パニック、爆発に至る危険な調節機構でもある。カタストロフィをもたらす。貨幣経済では、バブル崩壊なんていう事態も、正のフィードバックの結末であるし、宇宙物理学でなら、ブラックホール(注29)なども同じ原理によって引き起こされるものと言っていいだろう。正のフィードバックの果てには、カオスや爆発が待ち受け、自己崩壊の危機にさらされる。およそ生命の自己管理、維持という観点とは相容れない危険性をもっている。

しかし、生命現象においても、この正のフィードバック機構は確かに存在するのである。

われわれが怪我をしたとき、傷口からは血が流れる。大怪我であれば縫ったりする必要もあるのだろうが、小さな傷であれば、すぐに出血は止まる。しかし、なぜ止まるのか？

血が流れるということは、血管が切れたということである。切れた血管からはどんどん血が流れ続けていいはずなのに、すぐに出血は止まってしまう。この現象は血液凝固と呼ばれる。ここで働くのが、血液凝固因子と呼ばれる十数種類のタンパク質である。

この反応の詳細は（注30）に譲るが、要は、この反応では十数種類のタンパク質が順次活性化され、先の反応によって活性化された因子が、次に下流にある因子を活性化するという具合に、反応（カスケード反応）がどんどん進行してゆく。血管に傷がつくという現象を契機として、血液凝固因子の活性化が連鎖的に昂進し、一挙に血液凝固（止血）へと反応が進むのである。後戻りはできない。このことによって血液凝固系の反応は、一般に正のフィードバックと呼ばれている。制御系における正のフィードバックでは、アウトプット（産物）がもとのインプット（刺激、あるいはシグナル）を増幅するように働くものとされ、その意味では血液凝固の例は、厳密な意味での正のフィードバックではないが、ここでは一般的な用いられ方を踏襲しておく。

なぜこんなに複雑な、しかも面倒（そう）なカスケード反応が必要なのか。血管に生じた傷から、きわめて短時間のうちに大きな血栓の形成を完了するのは大変な仕事である。この複雑な反応は、正のフィードバックをうまく利用することによって、ねずみ算式に反応を「増幅」させ、小さな入力から大きな出力を得るための手段なのである。

因みに、この反応のなかの、血液凝固第Ⅷ因子（注30参照）が遺伝的に欠損したり活性が低下したりすると、血液凝固がうまくいかなくなる。これが血友病という病気である。

逆に、血管が詰まりやすい病気を持った人にはワーファリンという薬が投与されるだろう。血栓症の治療や予防のために用いられる、このワーファリンは、ビタミンKを阻害する作用を持っている。（注30）に述べた血液凝固因子のうち、プロトロンビン、第Ⅶ因子、第Ⅸ因子、第Ⅹ因子はその合成にビタミンKを必要とするのであるが、ワーファリンはビタミンKの阻害作用によって、これらの因子による血液凝固を阻止し、抗凝固作用を発揮する。

このような正のフィードバックを利用した反応は、一挙に大きなゲインを得る場合などには有利であり、たとえば細胞に自死を選択させる「アポトーシス」などにおいても、この反応が見られる。しかし、「正のフィードバック」は、いったんスイッチが入ったら、最後まで「行け行けドンドン」の反応であり、生命の恒常性維持という観点からは、危険きわまりない反応でもあるのである。

負のフィードバック・酵素反応

正のフィードバックに較べて、生命が用いる反応の多くは、負のフィードバックである。出力を見きわめながら、元のスイッチを調節し、それによって細胞や個体に劇的な変化が起こらないように制御する機構である。

負のフィードバックは生体の恒常性維持にとって重要なメカニズムであり、ここでは三つのレベルの例を取り上げてみたいと考えているが、小さい方から言えば、分子レベルの調節機構がある。酵素反応の調節機構を考えてみよう。

【図41】には、バクテリアにおいて、アスパラギン酸からいくつかのアミノ酸を作りだす経路を示している。ここではアスパラギン酸からリジンとスレオニンの二つのアミノ酸を合成する経路にのみ注目しておきたい。実際には、この反応の下流に、イソロイシンやメチオニンなどの他のアミノ酸を合成する経路が接続する。

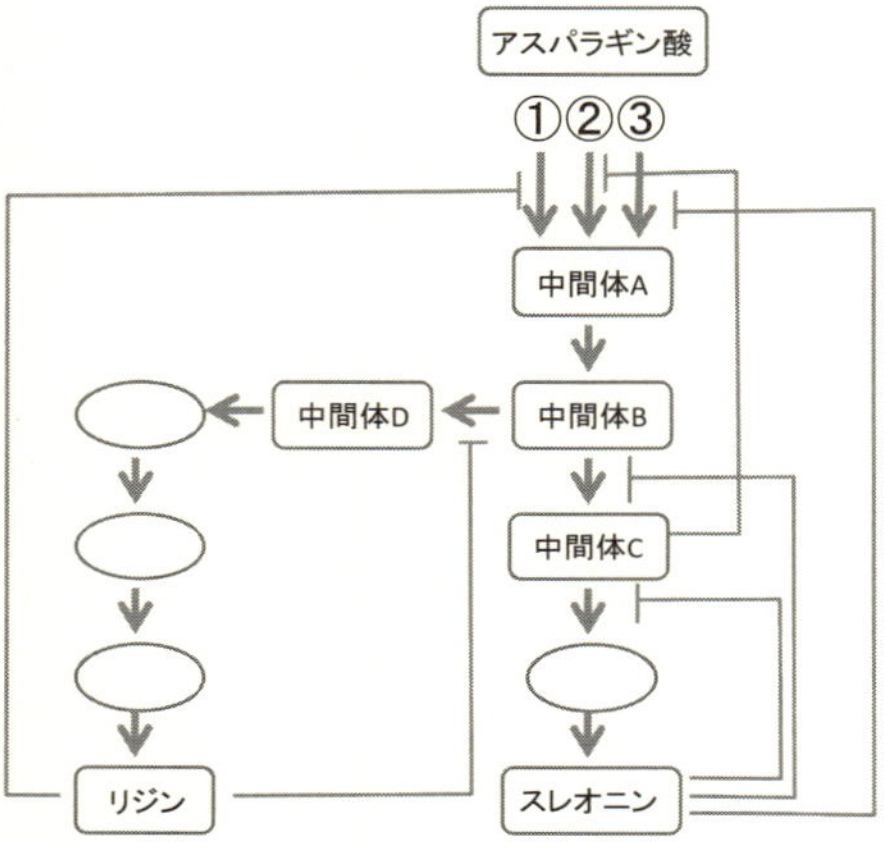

【図41】 アミノ酸合成経路におけるフィードバック阻害

アスパラギン酸からは【図41】に見られるように、中間体A（ここでは煩雑さを避けるため便宜上、中間体A、Bなどとしておく）が作られ、中間体Bとなる。中間体Bからはさらに四つの中間体を経てリジンが、二つの中間体を経てスレオニンが合成される。そのそれぞれのステップには、合成に必要な酵素が存在し、それぞれの反応を触媒している。

こうしてスレオニンが作られ、それが十分量蓄積すると、反応産物スレオニンは中間体Aを合成する酵素の活性を負に制御する。これは負のフィードバック制御である。

同じスレオニンは、中間体Bから中間体Cを作る酵素をも阻害し、さらにもう一つ下流の反応を触媒する酵素の阻害も行う。すなわち一つの反応産物がその上流の3種の酵素を同時に負に制御することができる。しかし、三つの経路の阻害が同じ効率で起こるのではなく、このうち最初の反応を司る酵素をもっとも強く阻害することによって、中間産物が無駄に作られることを防いでいるらしい。大本を断つのである。資源の無駄を防ぐ巧妙な手段の一つと言えるだろう。

いっぽう中間体Bからは別のアミノ酸リジンも作られる。リジンも負のフィードバック制御を駆使して、最初の反応を阻害することができ、また中間体Bから中間体Dを作る経路の阻害も行うことができる。

このように1種類のアミノ酸（アスパラギン酸）から2種類のアミノ酸（スレオニンとリジン）を作る反応経路において、驚くべき巧妙な負のフィードバック制御が行われている。(注31) 必須アミノ酸は、体内で合成されないもので、必ず体外から摂取しなければならないが、それらから非必須アミノ酸と呼ばれる11種類のアミノ酸が合成される。この合成過程においては多かれ少なかれ、このようなフィードバック制御が働き、必要なアミノ酸を必要量だけ作り出すメカニズムが揃っているのである。

酵素反応においては、酵素が認識する基質と、その反応産物とは分子的に別のものである。上の例で言えば、基質はアスパラギン酸であり、これを材料として、酵素反応によってスレオニンやリジンを作りだす。従って、スレオニンやリジンは基質ではない。産物である。スレオニンやリジンは、基質ではないにもかかわらず酵素に結合し、酵素活性を調節する。このような調節機構をアロステリックな調節と言い、そのような酵素をアロステリック酵素と言う。(注32)

緊急事態に対処するストレス応答

酵素反応といった一つの分子の活性調節の他にも、負のフィードバックは、細胞のさまざまな機能発現においても重要な制御機構である。細胞がストレスにさらされた時、防御機構として発動させるストレス応答の機構を見てみよう。

哺乳動物細胞は37℃で培養される。体温である。この温度から数度高い温度にさらされると、細胞内のタンパク質は、熱のエネルギーによってタンパク質の構造が乱れ、タンパク質変性の危機にさらされる。変性とはタンパク質の構造が壊れることである。タンパク質が変性しては生命活動が営めず、すぐに細胞死に繋がるので、なんとかそれを回避しようとする。

変性したタンパク質は互いに集まって凝集体を作りやすく、タンパク質の凝集はそれ自身が毒性を持っている。生卵に熱を加えるとゆで卵になる。これは卵のタンパク質が変性して、不安定になり、凝集することによるが、細胞内でこのような凝集体ができると細胞はそれだけで死にいたる。現在では、凝集体そのものよりも、凝集体を作るプロセスが細胞に毒性を与えるということが明らかになっている。

この時、細胞は、ストレスタンパク質と呼ばれる一群のタンパク質を合成する。この場合のようにストレスが熱である場合、熱によって誘導されるタンパク質であるので熱ショックタンパク質（HSP）[注33]とも呼ばれるが、モノとしては同じものである。

ストレスタンパク質は、細胞内の多くのタンパク質の熱による変性を防ぐことができる救世主のようなタンパク質。熱がかかると、タンパク質が変性の危機にさらされる。これを防ぐためにストレスタンパク質が大量に必要になる。そこで熱を感じると、すぐさまこれらのタンパク質の合成がスタートする。もちろんこのタンパク質も遺伝子のなかに情報として組み込まれているものであるが、普段は眠っている。その眠りを覚まさせて、起動するのである。遺伝子が目を覚まして読み取られることを遺伝子発現、その調節機構を発現調節と呼ぶ。

もともと細胞がゲノムのなかに持っていながら普段は眠っていた遺伝子を読み取り（転写）、それをアミノ酸配列に読み替え（翻訳）、タンパク質として合成する。新たに作りだされたストレスタンパク質は、細胞内で変性した、あるいは変性しようとしている他のタンパク質の保護にあたる、いわばレスキュー隊員のようなタンパク質である。各地で地震などが起こると、地元の要請を受けて、政府は自衛隊などの派遣を決定する。その指示のもと、自衛隊員などの救援隊は、被災地に派遣され、壊れてしまった建物の修復や、被災者の救援にあたる。このような動員部隊がストレスタンパク質である。

ストレスタンパク質の誘導のスイッチは、転写のスイッチを入れることで行われる。すべての遺伝子は、DNA上にアミノ酸配列を指定する情報が書き込まれているが、じつは、それだけで

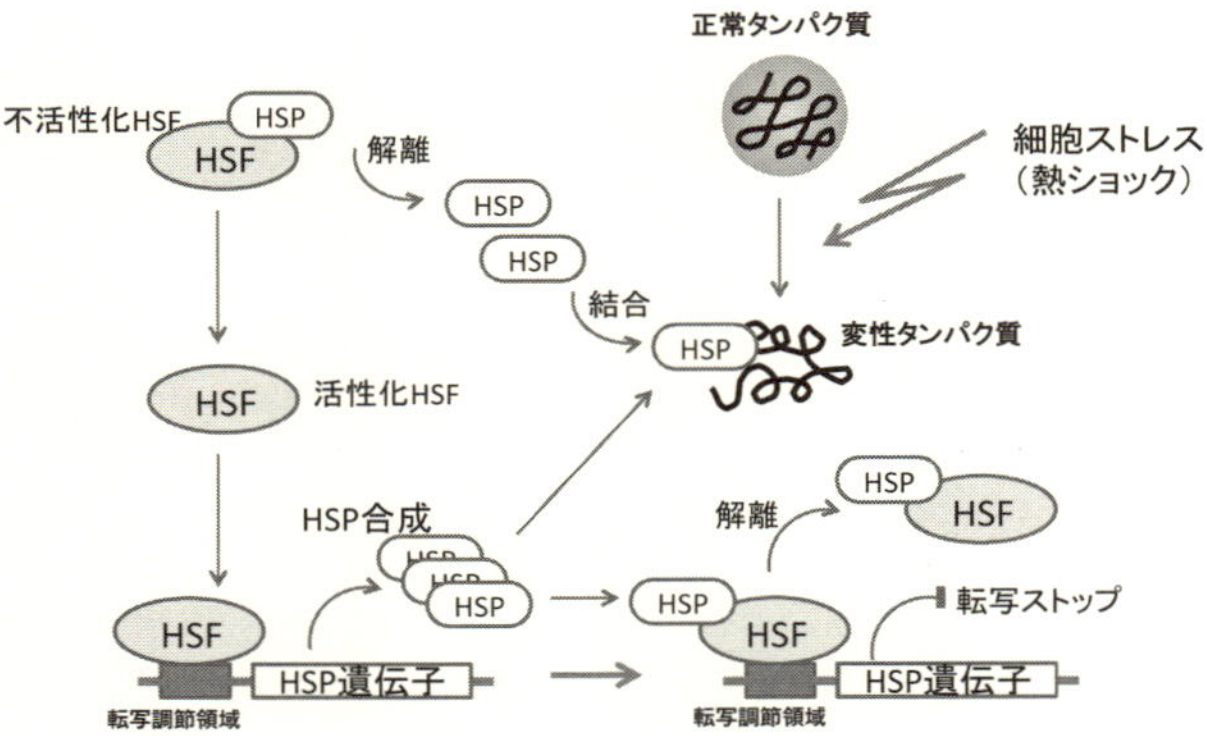

【図42】 HSPの発現制御機構

は十分ではなく、その上流に転写の制御を司る特別の配列を持っている。その制御配列に転写因子と呼ばれる特別のタンパク質が結合すると、転写のスイッチが入って、情報が読み出されることになる。熱ショック応答の場合、このスイッチを押すタンパク質は熱ショック転写因子（ＨＳＦ）と呼ばれる。この転写因子自体も普段は布団をかぶって眠った状態にある。ストレスタンパク質（ＨＳＰ）そのものが転写因子に結合し、布団をかぶせることで、これを不活性な状態にしているのである（【図42】）。

細胞に熱がかかって、細胞内の多くのタンパク質に変性が起ころうとすると、すでに存在していたＨＳＰたちにいっせいに動員がかかって、その救助に奮闘する。転写因子に結合していたＨＳＰも安穏としていられない。早く現場へ急行せよという指令が届く。すぐさま現場に向かうべく、転写因子から離れなければならない。なにしろ細胞の緊急事態である。

熱ショック転写因子に布団をかけ、抑え込んでいたＨＳＰが外れてしまうと、転写因子は目を覚まし（活性化され）、制御配列に結合することでＨＳＰの遺伝子の発現をオンにするのである。これがストレス応答（熱ショック応答）の分子機構である。こうしてＨＳＰが大量に作られることになり、増援部隊として送り込まれて、壊れようとしているタンパク質を救出することになる。

騒動は終息させなければならない

これでめでたしめでたしであるが、事態はこれだけでは終わらない。こうしてスイッチが入るとストレスタンパク質はどんどん作られる。いつまで作り続けるのか。スイッチをオフにするメカニズムはあるのだろうか。

戦い、もう少し大きく戦争は、始めるときよりも終わるときがむずかしいと言われる。どこで兵を引くか、どこで停戦協議を行い、どのあたりの戦果で互いの折り合いをつけられるのか。日露戦争のときの危うい綱渡りのような水面下での交渉は、今ではよく知られた史実となっているが、国内的には華々しい戦果を伝えて鼓舞しなければならない状況下で、ここらあたりが潮時と見極めるのは、当事者たちにとってもむずかしい選択であったに違いない。それを間違った、あるいは故意に圧殺しつつ、破滅へと向かっていったのが、太平洋戦争下の日本であったことは改めて言うまでもない。

ストレス応答によって、ストレスタンパク質を急激に、かつ効果的に作りだし、当面のタンパク質変性という危機をなんとか回避することのできた細胞。さて、そのように発動した緊急事態は、どのように終息させればいいのだろうか。

実は、ＨＳＰは過剰に細胞に蓄積すると細胞の生存にとってどうやらマイナスの影響を持っているらしい。そこで細胞は十分量のＨＳＰが蓄積すると、もうそれ以上は作らないようなメカニズムを持っている。

ＨＳＰが蓄積して、過剰になる。クライアントを上回る量のＨＳＰが蓄積すると、ＨＳＰは、転写のスイッチを押していた転写因子に近寄り、それに結合することで、それをＤＮＡから引き離す。このことによってスイッチは再びオフになり、ストレスタンパク質の合成はストップする。前に用いた比喩を使うなら、もう一度布団をかけて転写因子を眠らせるのである。

つまり、普段はストレスタンパク質（ＨＳＰ）が十分あって、過剰のＨＳＰが転写因子に結合して、それ以上の合成を行わない。いっぽう細胞がストレスを受けて、ストレスタンパク質を必要とするような事態になると、ＨＳＰが外れることによってＨＳＰの合成が始まる。再び十分量のＨＳＰが溜まれば、この過剰のＨＳＰが転写因子を抑え込んで、そこでストップ。産物そのものが、自身の合成を制御する、見事な負のフィードバックである。細胞としての恒常性維持のために、転写レベルでのフィードバック阻害が必要とされ、機能している例である。

（注29）巨大な星が次第に老化してエネルギーを失うと、その重力によって小さな空間に凝縮されることに

なり、重力が大きくなりすぎて、その付近では光でさえも外へ出られなくなってしまう。いったんブラックホールが形成されると、その強力な重力場によって周りのものをどんどん吸収し、さらに大きな重力を獲得してゆく。

（注30）下図を見ながら辿っていただきたいが、血管に傷害が起こると、まず血小板と呼ばれる血液細胞の一種が傷口に集積し、そこで血小板の凝集が起こり、血液が固まりやすくなる。これは一次止血と呼ばれるが、まだ弱く、血液凝固を確実にするためには、血液凝固因子が順々に活性化され、最終的にフィブリンという線維タンパク質がその傷口に網目を作り、傷口を固めてしまわなければならない。これが止血反応である。

この一連の反応はまことに煩雑な経路をもっているが、まず血管内皮細胞の破損によって、組織のなかに埋まっていたコラーゲンなどが露出すると、第Ⅻ因子と呼ばれるタンパク質が活性化される。一方で傷口には組織因子と呼ばれる、本来組織中にあった因子が血流中に流れ込み、これが第Ⅶ因子を活性化する。以下の反応は図をちょっと眺めていただくだけでいいが、次々と下流にある因子を活性化し、ついには第Ⅹ因子と呼ばれる因子の活性化に集約される。

反応はまだ続き、最終的にはトロンビンという酵素の活性化を引き起こす。このトロンビンは、フィブリノゲンというタンパク質の一部を切り取ることで、血液凝固に必須のフィブリンというタンパク質を作りだす。フィブリンは互いに隣接して並ぶことにより、線維性のフィブリンポリマー（重合体）を作り、これが互いに網目状に強く結びつき、さらに血小板を取り込むことで、いわゆる血栓と呼ばれる強固な構造を作る。こうして止血（二次止血）を完了する。

（注31）スレオニンもリジンも同じアスパラギン酸から中間体AおよびBを経

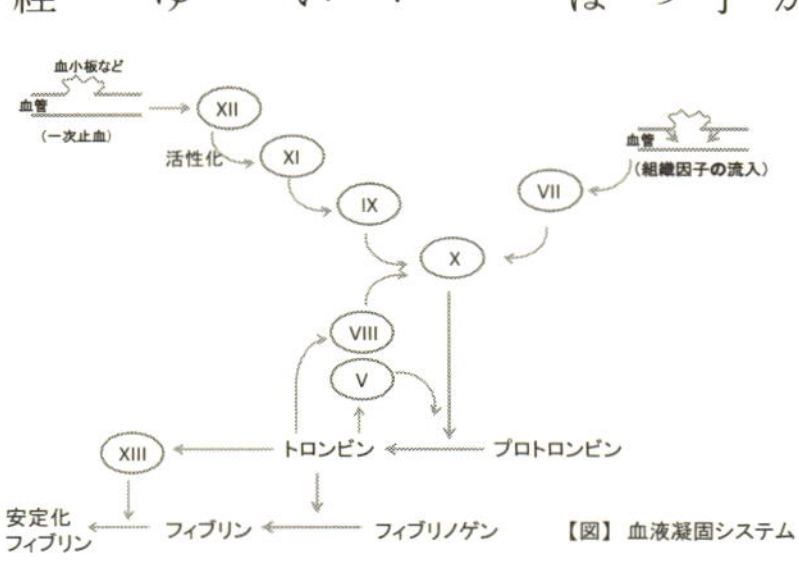

【図】血液凝固システム

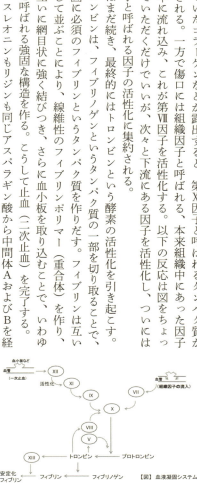

て作られるという点では、そこまでの経路を共有している。ということはスレオニンだけが過剰に作られた場合、アスパラギン酸からの経路をまず優先的に阻害したら、リジンも作られなくなってしまう。実はそういう事態を防ぐために、アスパラギン酸から中間体Aを作る酵素には3種類（図の①、②および③）あって、そのそれぞれの酵素が、同じアスパラギン酸という基質から中間体Aを作っているのである。ここで3種類の酵素が働いているのは、負のフィードバックにとっては重要な点で、スレオニンからのフィードバック、リジンからのフィードバック、さらに中間体Cからのフィードバックは、それぞれ別の酵素の活性調節を通じて、制御されている。そうしておけば、スレオニンだけが過剰になった場合、酵素③による反応経路だけを遮断することで、酵素①によるリジンを作る反応には影響を与えなくて済むだろう。あるいは、中間体Bから中間体Cを作る経路を阻害することによっても、リジンの合成には影響を及ぼさずに、自身の合成だけをストップさせることも可能になる。

（注32）アロス（allos）はギリシア語で〝他〟を、ステロス（stereos）は〝三次元〟あるいは〝立体〟を意味する（立体音響を出す装置をステレオと言っていたのは、このstereosに由来する）。アロステリック酵素では、調節因子（この場合は産物）が結合することで、酵素の構造がわずかに変化し、そのことによって基質との結合や活性が変化する。これがアロステリック調節、あるいはこの場合であればフィードバック制御の分子基盤となっている。

（注33）文献などを読んでいると、ＨＳＰ70などという記述に出会うことがある。これは熱ショックタンパク質のうち、分子の大きさが70ｋDa（キロダルトン）のものを指している。ダルトンは分子の大きさの尺度であり、炭素原子を12としたときの比較で表わす。30年ほども前に、私が初めて発見したＨＳＰはＨＳＰ47と名づけたが、これも分子量が４７０００であったことによる。

第8章　細胞内の恒常性維持機構

恒常性維持は生体の基本戦略

はじめに述べたように、細胞という生命体においては、常に変化が起こっており、生体における変化は代謝によって引き起こされるものである。代謝は一般には生命活動に必須のほぼすべての反応を包摂する概念であるが、大きく分解と合成に分けることができる。複雑な分子を単純な分子に分解してゆく過程でエネルギーが放出されるので、それを種々の活動のために利用する。これを分解代謝（あるいは異化）と言う。逆に単純な分子から複雑な分子、特に高分子化合物などを合成する合成代謝（これを同化と言う）があり、この場合にはエネルギーを消費することによって、合成が進む。別の言い方をすれば、エネルギーを得るために外部からモノ（食餌）を取り込んでそれを分解し、逆にエネルギーを消費して、各パーツから生体維持に必要な複雑な分子を合成しているのだとも言えよう。

このエネルギー消費は、一個の個体内でバランスを取ることはできない。かならず何らかの形でエネルギーを、あるいはエネルギー源を取り込まなくてはならない。なぜなら、外部に対して仕事をするからである。じっと動かずに居ればと思われるかもしれないが、じっとしていてもエネルギーの消費は続く。たとえば呼吸をするためには、当然肺を膨らませるために筋肉の動きを伴う。筋肉を動かすためには、ＡＴＰのエネルギーを使わなければならない。個体は、常にエネルギー（源）を摂取しながら、全体としてエネルギー収支の均衡をはかっている。

生命は基本的には一刻も休むことなく、この合成と分解を含めた代謝活動をしている。それは当然、変化をもたらすが、しかしこの変化は、「変わりつつ、しかもなお変わらない」ことを前提とした変化でもある。変化してはいるが、一方向へ行ってしまうのではなく、行っては戻り、戻っては行くという作業を繰り返しながら、今いる場所にとどまろうとする。これが生体反応の基本である。

つまり内部では個々の分子、個々の状況は常に変化しているにもかかわらず、一個の細胞であれ、一個の生体であれ、全体を一つの単位としてみれば、生体にとっては「現状維持」が最善の選択なのである。もちろん発生の段階では、次々に新しい細胞に分化させることが必須であり、成長期に著しい細胞増殖が見られるなどは、この限りではないが、いったん生体が定常期に入ると、それを「今のままに維持する」というのが、生体が自己を維持するための基本戦略である。「今のままに維持する」ために機能しているのが、先に述べたフィードバック制御機構、特に負のフィードバック機構である（通常は、敢えて断らない限り、負のフィードバックを単にフィードバックと言っている)。フィードバック制御を通じて、種々の反応が行き過ぎないよう調節するのである。常に反応の出力を確認しながら、出力が大きすぎれば、低くなるよう調節する。また出力の結果として、その系の環境がどう変化したかについても常にモニターしつつ、影響が過度に出すぎて、平衡が一方に振れすぎた場合は、直ちに出力を停止したり、ある場合には、逆の平衡へのスイッチをオンにして、もとの状態に戻そうとする。

このような現状を維持しようとする生体の性質がホメオスタシス(生体恒常性、特に断らない限り単に恒常性と言う)である。この概念は、アメリカの生理学者、ウォルター・B・キャノンによって1930年代に出された概念である。本来は個体が外部環境とは独立に内部恒常性を維持する現象を指して用いられた概念である。外気温が変化しても体温が維持される調節機構や血液の性状などが常に一定に保たれる現象などが想定されていた。

ホメオスタシスは内部恒常性の維持機構であるから、当然、二つの要素に注目する必要がある。一つは外部とのモノや情報のやり取りに基づく調節、もう一つは内部における反応の調節を介した維持機構である。

生物にとって重要なこの恒常性維持機構を、次の三つのレベル、すなわち細胞内、細胞レベル、そして生体レベルに分けて見てゆくことにしよう。

タンパク質製造工場で不良品が出たら……

小胞体というオルガネラは常時活発にタンパク質合成を行っているオルガネラであり、分泌タンパク質や膜タンパク質はすべて小胞体で作られる。細胞で作られる全タンパク質の三分の一が小胞体で作られる。まさにタンパク質合成に特化したオルガネラである。

ポリペプチドはヒモの状態で小胞体の膜を通過し、内腔側で三次元的な構造に折り畳まれる（フォールディングする）ことを先に述べたが、小胞体の内側は常にタンパク質がひしめいている状態なので、ちょっとした事故が大きな障害を生みやすい。カルシウムイオンの不足、ＡＴＰや糖の欠乏、酸化還元状態の変化などは、すぐに合成途上のタンパク質のフォールディングに影響を与えて、間違った構造を作ったり、構造が乱れたりする。これをタンパク質のミスフォールディングという。[注34] 作られるタンパク質自身が遺伝的な変異を持っている場合などは、それだけでフォールディングに失敗しやすい。このような状態では、未完成のタンパク質や、変性した異常なタンパク質が蓄積する。

変性したタンパク質は、本来、分子の内部に折り畳まれているべき疎水性のアミノ酸が構造の乱れによって分子の外側に露出する。そうするとそれらは水に馴染みにくいので、疎水性のアミノ酸同士が互いに身を寄せ合うように寄り添い、集合することになる。疎水性の部分同士が集まることによって、水から遠ざかろうとするのである。これがタンパク質の凝集である。

そのようなタンパク質は、それ自身が機能を持たないだけでなく、他のタンパク質の正常な機能や存在そのものを脅かす。正常なタンパク質にちょっかいを出して、それらまで異常な状態に引き込んでしまうのである。悪い仲間に染まらないように、という心配は、どうも人間界だけの心配ではないらしい。類は類をもって集まるだけならまだしも、まっとうな生活を営んでいる市民までヤクザな集団に巻き込むとなればこれは一大事である。変性タンパク質あるいは凝集体を放置しておくと細胞に毒性を与え、細胞死に繋がる。こういう状態はきわめて危険であり、かつ小胞体には大きなストレスがかかっていることになる。これを小胞体ストレスという。

変性タンパク質あるいは凝集体が蓄積して小胞体ストレスがかかると、細胞はすみやかに一連の反応を起こしてそれに対処しようとする。実は小胞体の膜には、このような異常事態（小胞体ストレス）を感知して、緊急処置につなげるための、3種類のセンサーが存在している。センサーもちろんタンパク質であるが、このセンサータンパク質は、小胞体膜を貫通した膜貫通タンパク質であり、小胞体の内側にも、外側にも顔を出している。これが小胞体内部のタンパク質の品質に異常が起こっていることを感知して、膜を介して、外側（サイトゾル側）に情報を伝えるのである。この3種類のセンサータンパク質によって行われる緊急処置、すなわち品質管理機構は、実は人間社会の工場などにおける品質管理の手法と驚くほど似ている。

まず初めに、工場などでは、製品に異常が見つかった時、どのように対処するか考えてみよう（【図43】）。

工場で作られた製品に欠陥が見つかった。最初にすることは、ベルトコンベアを止めて、原因

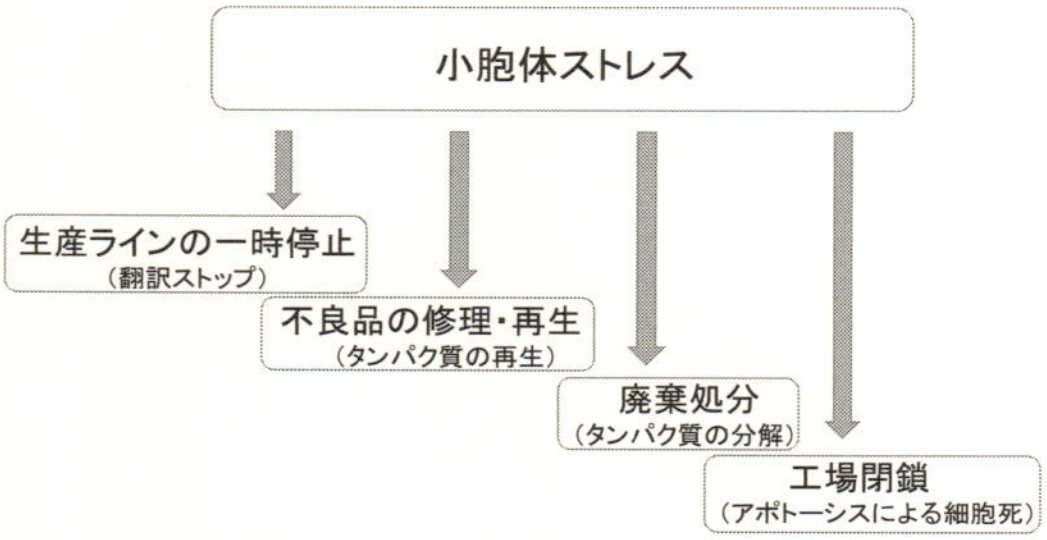

【図43】 小胞体にストレスがかかるとどうなるのか？

の究明をすることだろう。作っても欠陥品しかできないのに、そのまま生産を続けるようなことはしない。〈生産ラインのストップ〉、これが最初の処置である。

次に、欠陥品を調べて、それが修理可能なものであれば、修理あるいは補修して、製品として送り出すのではないだろうか。たとえば自動車のような高級なものは、部分的に取り換えて済むのであれば、当然修理、交換をして出荷するだろう。〈修理・再生〉、これが第二の対応である。

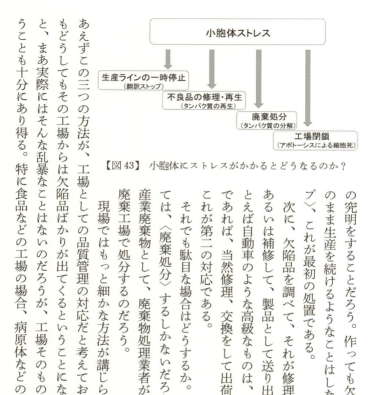

それでも駄目な場合はどうするか。修理ができないものについては、〈廃棄処分〉するしかないだろう。こんなときはだいたい産業廃棄物として、廃棄物処理業者が工場から運び出して、別の廃棄工場で処分するのだろう。

現場ではもっと細かな方法が講じられているのだろうが、とりあえずこの三つの方法が、工場としての品質管理の対応だと考えておいてもいいだろう。それでもどうしてもその工場からは欠陥品ばかりが出てくるということになれば、そんな工場は閉鎖だと、まあ実際にはそんな乱暴なことはないのだろうが、工場そのものが閉鎖に追い込まれるということも十分にあり得る。特に食品などの工場の場合、病原体などの汚染があれば、一時的に閉

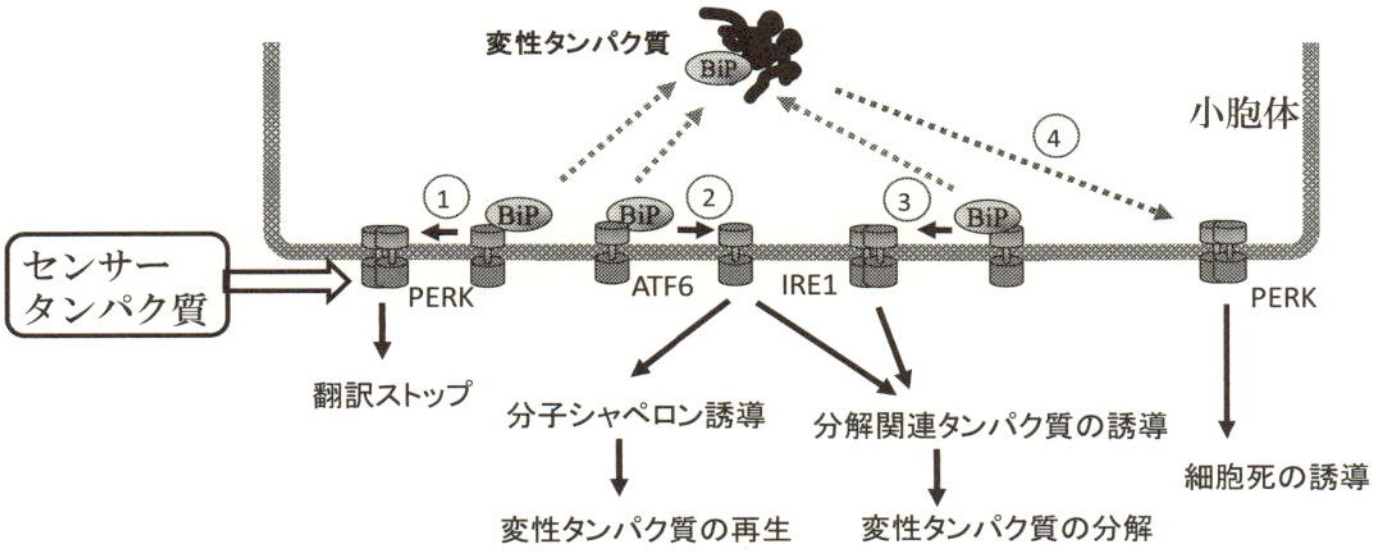

【図44】 小胞体におけるタンパク質の品質管理機構

鎖はあり得るし、それが改善されなければ本格的に閉鎖ということもあるのかもしれない。〈工場閉鎖〉、これを第四の処置として頭にとどめておきたい。

小胞体における品質管理機構

さて、小胞体にストレスがかかり、変性タンパク質が溜まった場合、細胞はどのような手段を用いて、そのような異常事態に対処するのだろうか。さきに小胞体は、タンパク質合成に特化したオルガネラと言ったが、それであるがゆえに、小胞体においては、タンパク質の品質管理機構が見事に発達している[注35]（【図44】）。

まず最初に行うのが、〈生産ラインのストップ〉である。細胞の場合は、タンパク質の翻訳を一時的にストップするということになる。小胞体内腔に変性タンパク質が蓄積すると、それが小胞体膜に存在する第一のセンサータンパク質（PERK）を活性化する。この活性化の機構は、第7章で述べた、HSPの発現誘導と基本的に同じである。変性タンパク質が蓄積すると、小胞体の分子シャペロンBiPがそれに動員される。そのことによって、

ＢｉＰによって抑えられていたセンサータンパク質が活性化するのである。

このタンパク質ＰＥＲＫは小胞体にストレスがかかったという情報をサイトゾル側に伝え、翻訳に関与するタンパク質を不活性化して、直ちに翻訳をストップする。作っても不良品しかできないような状況下では、それ以上不良品を作って、負荷を大きくすることを避けようとするのである。

生産ラインのストップに続いて、事態の改善に向けて第二の手段が講じられる。変性したタンパク質を元に戻そうという戦略である。間違って折り畳んでしまったのなら、もう一度巻き戻して、最初からやり直してみよう。そのためには分子シャペロンが必要である。小胞体の中でタンパク質のフォールディングを助ける種々の分子シャペロンを緊急に合成しようとする。熱によるタンパク質の変性のときに、ＨＳＰを誘導したのと同じである。分子シャペロンは変性したタンパク質に結合して、凝集体を作るのを防ぐとともに、その再生を促す。修理すれば使えるタンパク質は、分子シャペロンをどんどん作って〈修理・再生〉させようという戦略である。先に少しだけ名前の出たＢｉＰは代表的な小胞体分子シャペロンである。

しかし大量に溜まってしまった修理できない不良品はどうすればいいのか。ここで第三のセンサータンパク質の出番である。このセンサータンパク質が活性化されると、今度はタンパク質分解を促進する種々のタンパク質が合成されるようになる。変性したタンパク質は小胞体の孔（出口）を通って、サイトゾル側に逆輸送される。サイトゾルには（後述するように）プロテアソームという巨大な分解マシーンがあり、これで小胞体から運び出されてきた変性タンパク質を次々分解処分する。使いものにならない製品は、工場の外へ運び出して〈廃棄処分〉ということである。このような不良タンパク質を小胞体の外へ持ちだして分解処分する方法を、小胞体関連分解と呼ぶ。

改めて言うまでもないが、これら一連の反応は、小胞体の内腔側にミスフォールドしたタンパク質が蓄積したという〈情報〉が、小胞体の膜を介してサイトゾル側に伝えられ、いくつもの反応系に繋がっている情報伝達の例である。三つの方法について述べたが、新たな合成のストップ、不良品の再生、再生不能品の廃棄処分と、いずれも小胞体に蓄積した不良タンパク質の量を減少させるための方策である。一種のフィードバック制御と考えられるが、いっぽうで、これはまさに恒常性維持のための戦略であり、小胞体内のタンパク質の環境は、このような何重にも用意された恒常性維持機構のもとに、安全に保たれているのだと言える。

小胞体内のタンパク質の環境は、小胞体内だけでは維持できない。常に小胞体外、特にサイトゾルとの情報のやり取り、物質のやり取りを介してしかまっとうできないという点を記憶にとどめておきたい。ここでも内と外という観点から生命活動を見ることの重要性が納得されるだろう。

因みに、先に最後の手段としての〈工場閉鎖〉についても述べておいた。細胞ではさすがにそんな高度な判断は無理だと思うだろうか。ところが、細胞は、この〈工場閉鎖〉という手法まで持っているのである。それは細胞の自殺、アポトーシスと呼ばれる現象である。ここまで対応すると少々薄気味悪くさえある。先の三つの方法によっても解決しない場合、細胞は自らを積極的に殺す指令を発するのである。これがアポトーシスシグナルであり、細胞の自殺と呼ばれる所以である。

細胞は小胞体内の異常事態に対応するため、次々と手を打つが、どうしてもそれでは対応できないことが明らかになると、自らを葬ることによって、他の細胞へ悪い影響を与えないという選択をする。自らの内部の恒常性を維持できない場合は、その細胞のまわりの環境、あるいは個体そのものへの悪影響を排除するために、自らを殺してしまうのである。オルガネラの恒常性、細胞としての恒常性を維持できない場合には、自らを犠牲にする事によって、個体としての恒常性を守ろうとしていると言ってもいいだろう。ただし、このアポトーシスによる細胞の自殺が、実際に他の細胞の安全に寄与しているかどうかは、現段階ではまだあきらかではない。

脳は大食漢かつグルメ

細胞のなかの膜で囲われた構造体、オルガネラに、その内部の恒常性を維持する機構があることを、タンパク質が変性するという異常事態への対処の仕方を見ることで考えてきた。次には細胞レベルでの恒常性維持の機構を見ることにしよう。どのような例をあげてもいいのだが、一般に興味がありそうな例として、糖の取り込みの制御と糖尿病との関係を見ることにしたい。

先に、小腸の粘膜細胞を介して、エネルギー源としてのグルコースという糖を取り込む仕方について述べた（第4章）。小腸粘膜細胞（上皮細胞）の小腸内腔に面した側からグルコースをまず細胞内に取り込み、今度は血管が走っている基底膜側にグルコースを放出する。それぞれの側にグルコースを取り込むためのポンプと、グルコースを放出するためのチャネルがあることが大切なポイントであった。

こうして血流中に放出されたグルコースは、全身の細胞に運ばれて、エネルギー源として消費される。それぞれの細胞には、グルコースを取り込んだあと、それを順次代謝しながら、エネルギー（ATP）を作り出す代謝経路が備わっている。

なかでも運動に関わる筋肉、そしてグルコースだけしかエネルギー源として利用できない脳が、二つの大事なお得意さまである。筋肉と脳とは、それぞれ、全エネルギーの20パーセントを消費している（筋肉は運動をしていないときの値である）。成人男子が1日に消費するエネルギーは約2000キロカロリーであるから、脳も筋肉もそれぞれ約400キロカロリーを消費することになる。

注意しておきたいのは、筋肉は体重の40パーセントを占めているが、脳はわずか2パーセントなのである。1・2〜1・5kgの重さの脳と、25〜40kgの重さの筋肉とが同じだけのエネルギーを使っている。ちょっと驚きである。脳は大喰らいであり、かつエネルギー源としてグルコースしか利用しないという、徹底したグルメを通している。

こうして全身の細胞でグルコースが消費されるが、もし消費しきれないほどのグルコースがある場合には、それを捨ててしまうテはないので、余分のグルコースはグリコーゲンという形で肝臓や筋肉に貯められる。グリコーゲンはグルコースが多数繋がった重合体（多糖類）である。グリコーゲンは一時的にエネルギーを貯蔵するための分子であり、必要になればただちにグルコースに分解される。

一方で、もう少し長期の保存には、中性脂肪として脂肪細胞に貯蔵するという方法も取られる。グルコースを取り込んだ脂肪細胞は、グルコースを中性脂肪に変え、細胞中の脂肪滴と呼ばれる袋のなかにせっせと貯め込むのである。旨そうなステーキの白い部分が脂肪の塊であることは誰でも知っているが、ここは実は脂肪細胞の集まった部分でもある。脂肪細胞の脂肪滴のなかには、中性脂肪が貯め込まれ、実際に培養した脂肪細胞を顕微鏡で覗くと、細胞のなかにいくつもの大きな袋が見える。ここに脂肪が貯め込まれているのである。

脂肪細胞と言うと、特に女性には嫌われ者である。肥満をひき起こす張本人と目されており、何としても退治したい悪役である。しかし、脂肪細胞には実は、白色脂肪細胞と褐色脂肪細胞の2種類があることは一般には知られていない。白色のほうは、せっせと脂肪を貯め込むだけ。肥満とともに増え、肥満の原因でもあり、メタボリックシンドロームを引き起こす文字通り悪役細胞である。一方、褐色脂肪細胞のほうは、脂肪を貯め込んではいるが、たくさんのミトコンドリアを持ち、脂肪をエネルギーに変える細胞、すなわち脂肪を燃やして体をスリムにする細胞なのである。同じ脂肪細胞でありながら、まったく別の役割を持っている。なぜなのか、この進化の謎についてはほとんどわかっていなかった。

ところが数年前、この褐色脂肪細胞は、名前は脂肪細胞とついているが、実は筋肉と兄弟であることがわかったのである。これはちょっとした驚きであった。『Nature』誌に載った論文であるが、これまで知られていた白色と褐色の性質の違いは、実はその出自にあったことがわかったわけである。褐色脂肪細胞は、筋肉の兄弟であり、兄と同じようにせっせとグルコースを燃やし続けてくれる。実に腑に落ちるという表現がぴったりの論文であった。

体内にある島——ランゲルハンス島

小腸で取り込まれたグルコース（糖）は、肝臓へ運ばれ、通常、約半分の糖が肝臓に取り込まれるが、残りの半分は全身へと流れて行って、主に筋肉に取り込まれる。肝臓には約１００gのグリコーゲンが、筋肉には３００g程度のグリコーゲンが蓄えられるという。それでも過剰になれば、中性脂肪として脂肪細胞に貯蔵されるのである。

このようにして、血中の糖は常に細胞内に貯蔵し、必要なときに燃やすことになっているが、この取り込みに重要な働きをしているホルモンがインスリンである。インスリンと言えば、反射的に糖尿病という言葉を思い出す人が大部分であろう。ここからは、血糖のホメオスタシスとそれを制御するインスリンの作用について見ることにしよう。

インスリンは、膵臓のなかの組織、膵島《すいとう》（ランゲルハンス島）から分泌される。膵臓の大半を占めるのは、消化液を分泌する腺房細胞であるが、そのあいだに点在するかのような島が見える。これが発見者の名をとってランゲルハンス島と呼ばれる細胞集団である。

ランゲルハンス島より持ちかえりたる細胞の一亜系わが孵卵器に飼う

永田和宏『後の日々』

という歌を作ったことがあった。ドイツの病理学者、パウル・ランゲルハンスの名前にちなんでつけられたものだが、体内にある島というところに不思議なロマンが感じられる。スーラの有名な点描画に「グランド・ジャット島の日曜日の午後」という作品があるからだろうか、ランゲルハンス島もいつものどかな日曜日の午後という感じである。

しかし、実際のランゲルハンス島はそんなのんびりしたところではない。膵島には他の細胞もあるのだが、その70パーセント以上を占める膵β細胞が、なんと言っても主役であり、忙しくインスリンを分泌している。インスリンはホルモンであるが、ペプチドホルモンと呼ばれ、小さなタンパク質なのである。通常の分泌タンパク質と同じように、膵β細胞の小胞体で作られ、ゴルジ体を通り、分泌小胞に乗って細胞表面まで達し、そして開口分泌される。ゴルジ体ではインスリン前駆体の一部が切り出され、21個のアミノ酸からなるA鎖と30個のアミノ酸からなるB鎖が、2カ所で連結された小さなタンパク質として分泌される。これが血糖値を保つための大事な大事なペプチドホルモン、インスリンである。

インスリンの発見は、1921年のことであった。これにより、カナダの外科医、F・G・バンティングとトロント大学の教授、J・J・R・マクラウドは1923年にノーベル生理学・医学賞を受賞した。ノーベル賞には何かとエピソードがつきものだが、この受賞ほど物議をかもしたものも珍しい。世紀のスキャンダルとも言われ、『ノーベル賞の光と陰』『新インスリン物語』など多くの本が出ている。

膵臓を切除した犬が糖尿病に罹るというそれまでの報告から、バンティングは膵臓のなかに糖尿病を防ぐ物質が含まれているはずだと考え、マクラウドに相談した。そして、マクラウドの研究室を使う許可を得、さらに学生であったC・H・ベストを助手として付けてもらった。二人は、マクラウドが休暇で留守にしている2カ月ほどのあいだの実験で、膵臓の抽出物から有効成分を得ることに成功したのである。

マクラウドはすぐにその重要性に気づき、今度は自身の研究室を総動員して、インスリンの抽出、精製法の開発に取り組んだ。さらに、得られた化合物を、糖尿病の少年に投与することによって、その効果までも確かめたのである。驚くべき早さであったが、1923年にはバンティングとマクラウドの二人がノーベル賞を共同受賞した。いかにこのホルモンが社会的にインパクトが強かったかをうかがわせる。

ここまではいいのだが、それからが大変なことになった。バンティングは自分の発見であり、マクラウドは部屋を貸しただけと主張、共同受賞者はベストであるべきだと主張した。マクラウドへのあてつけであっただろう、自分の賞金をベストと分け合った。これに対して、マクラウドのほうもインスリンの精製に力を尽くした自身の研究室の研究者に賞金を分けるということになり、このエピソードが大きな話題をさらうことになってしまったのである。

飽食が生んだ糖尿病

ともあれ、インスリンが糖尿病に対して劇的な効果をもつホルモンであることは間違いなく、現在にいたるも、インスリン投与は糖尿病に対するもっとも効果的な治療法である。

糖尿病には1型と2型があることは周知のとおりである。1型糖尿病は、自己免疫疾患によって膵β細胞が破壊されることが原因であることが多く、インスリンの分泌が行われなくなって血糖値の上昇を引き起こす。2型糖尿病では、遺伝的な要因のほかに、運動不足、肥満などが原因となる。生活習慣病などによって、徐々に膵臓に負荷がかかり、膵β細胞が疲弊し、十分なインスリンを分泌できなくなるのである。その人口は増え続け、日本では2015年現在、成人糖尿病人口は約720万人と言われる。世界で第9位。

インスリンは骨格筋細胞や脂肪細胞に作用し、血中の糖を細胞内に取り込ませることによって、血糖値を下げる。インスリンが細胞表面にあるインスリン受容体に結合すると、その情報は、膜貫通タンパク質である受容体の細胞質内ドメインに伝えられる。それが他のシグナル分子を活性化する。いくつかのシグナル分子の活性化のカスケードを経て、最終的にグルコーストランスポーター（GLUT4と呼ばれる）を細胞表面に発現させるのである。このトランスポーターを介して、グルコースが取り込まれる（【図45】）。

GLUT4はインスリンシグナルが来るまでは、細胞内の小胞上に保管されている。血糖値があがり、インスリンシグナルが入ると、細胞表面へ移行し、グルコースの取り込みを行うのである。消防署に消防車が待機し、「火事だ！」という情報を受け取ると、すぐさま現場へ駆けつけるというイメージである。

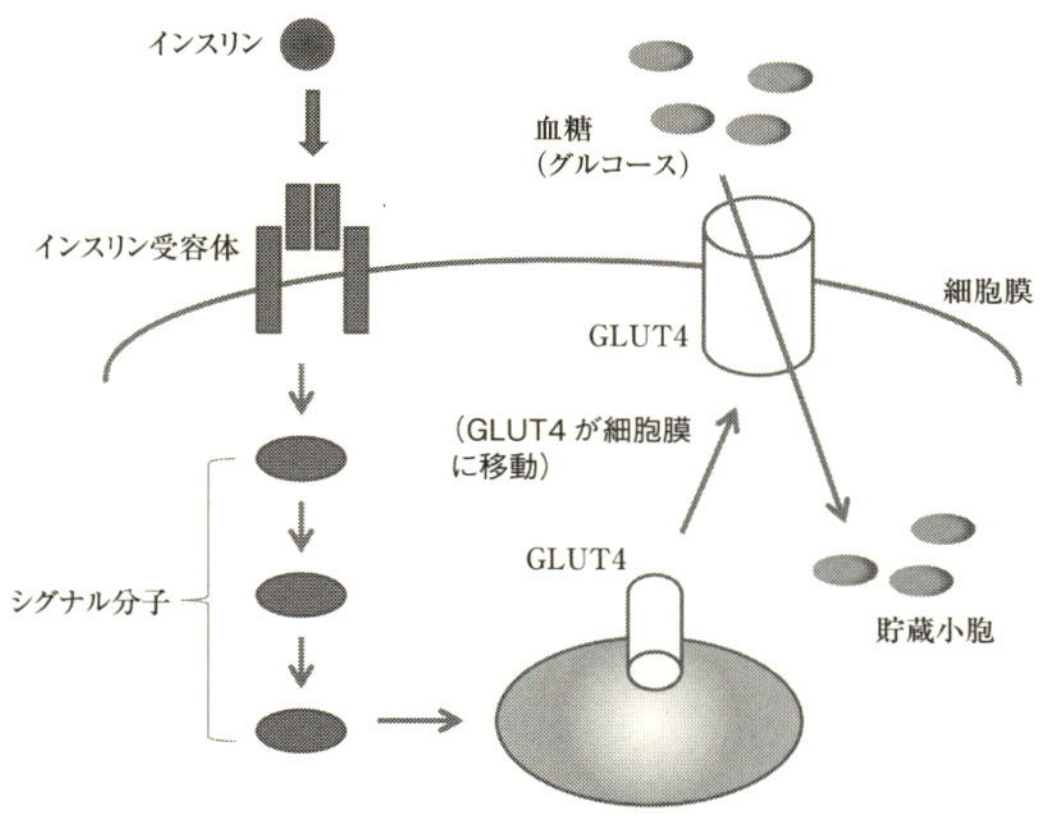

【図45】 インスリンによる糖の取り込み

血糖値を調節するホルモンは、インスリンだけであろうか。実は他にもある。脳の下垂体からは成長ホルモンが出ているし、甲状腺からは甲状腺ホルモン、副腎からはアドレナリンやコルチゾール、膵臓からはグルカゴンなど、これらはいずれも血糖値の調節に関与する。ところが驚くべきことに、これらはどれも血糖値をあげるためのホルモンなのである。エネルギーとして糖を使うため、貯蔵していた糖を血中に放出して、身体中のさまざまの細胞で燃やせるようにするためのホルモン、糖の出動命令を行うためのホルモンなのだ。インスリンとは逆の作用を持つものばかり。

なぜ、そのようなアンバランスが起こったのか。じつはそれには人類が経てきた進化の歴史が深くかかわっている。

糖尿病は文明病だとも言われるように、人類はつい最近まで、一貫して食の足りない状態で生活をしてきた。飽食などということは一部の例外を除いて、あり得なかったのである。狩猟や採集に行って、運が良ければ食料にありつく。しかし、ほとんどは慢性的な飢餓状態にあった。狩猟や敵から逃げ出すため、わずかに蓄えた糖を瞬時に使ってしまわなければならないという状況はあっても、余ってしまって貯めこまなくてはならないという状況はほとんどなかったのである。だから貯めこむためのホルモンは1種類だけで間にあっていたのかも知れない。放出するためには全身にさまざまのホルモンを用意しているにもかかわらずである。

まさに糖尿病という病気は、一貫して飢餓状態のなかで生活してきた人類にとって、初めて出会った〈飽食〉という時代の生み出した病気であるとも言える。人類の誕生から600万年という時間に較べれば、長く見積もってもこの100年に起こった、飽食という時代は、進化のギアを入れ替えるには、あまりにも短すぎるのである。

栄養を摂る。これは生きるために必須である。エネルギーの素になる糖（グルコース）は、小腸の上皮細胞による外と内のバリアを越えて、体内に取り込まれる。取り込まれた糖は、血中を流れ、筋肉や脳でエネルギーとして燃やされるほか、余ったものは、肝臓や筋肉にグリコーゲンとして貯めこまれるが、それでも間にあわなければ、脂肪細胞が貯蔵先となる。これは肥満へつながる。

いっぽう血糖値を感受して、膵β細胞がインスリンを分泌し、強制的に糖を細胞内に取り込ませるが、肥満や運動不足はインスリン抵抗性を生みだし、負の連鎖からいっそうインスリンを大量に作らなければならなくなって、やがて膵β細胞が疲弊、糖尿病を発症することになる。これが糖尿病への負のサイクルである。

いずれにせよ、細胞の膜を介して、糖を出し入れすることによって、全身的な糖のホメオスタシスが絶妙に保たれているのであり、これが負のフィードバック制御であることは、あらためて言うまでもないことだろう。私たちが生きているということは、このような全身的なフィードバックを主な制御システムとして採用することによってなされるホメオスタシス（恒常性）のたまものである。

（注34）タンパク質がフォールディングされる過程で、誤った構造をとってしまうことをミスフォールディング、いったん正しく作られたタンパク質が、熱ショックをはじめとする細胞にかかる種々のストレスによって、構造が乱れ、機能を失ってしまうことを変性と呼ぶ。混同して使われることが多いが、厳密には違う

概念である。時には、フォールディングしたタンパク質が巻き戻される、フォールディング前の状態に戻されることもあり、これはアンフォールディングと呼ばれる。

（注35）小胞体にミスフォールドタンパク質あるいは凝集体が蓄積すると、それがシグナルになり、タンパク質品質管理機構が作動する。この応答を専門的にはＵＰＲ（unfolded protein response）と呼ぶ。その詳細を説明する。

まず最初に行うのが、〈生産ラインのストップ〉である。細胞の場合は、タンパク質の翻訳を一時的にストップするということになる【図Ｃ】。小胞体内腔に変性タンパク質が蓄積すると、それが小胞体膜に存在するＰＥＲＫという膜貫通タンパク質を活性化する。ＰＥＲＫには通常は、ＢｉＰという別のタンパク質が結合していて、不活性な状態に保たれている。ＢｉＰは分子シャペロンの仲間であり、先に述べたストレスタンパク質、あるいは熱ショックタンパク質（ＨＳＰ）と同様、レスキュー隊員としての役割を持っている。

小胞体内に変性タンパク質が蓄積するとどうなるだろうか。変性タンパク質はそのままで置いておくと、他のタンパク質に悪いことをするので、レスキュー隊員ＢｉＰが出動して、それら不埒なタンパク質を取り押さえ、可能ならば正常な方向へ戻してやろうとする。小胞体ストレス下では、あちこちに変性したタンパク質ができてしまうので、そのたびにＢｉＰに出動がかかり、待機していたＢｉＰが手薄になってしまうだろう。そうするとＰＥＲＫに結合していたＢｉＰまでが出動しなければならなくなる。先の熱ショックタンパク質（ＨＳＰ）誘導機構のときに述べたように、ＢｉＰが外れることによって、ＰＥＲＫは自由になり、隣のＰＥＲＫと手を繋ぐ。二量体化するのである。この二量体化がすなわちＰＥＲＫの活性化である。

活性化されたＰＥＲＫは、何をするのか。それはタンパク質の翻訳を一時的にストップさせるのである。ＰＥＲＫは膜を貫通するタンパク質だと言ったが、小胞体の外側部分が、翻訳に必要な別のタンパク質に作

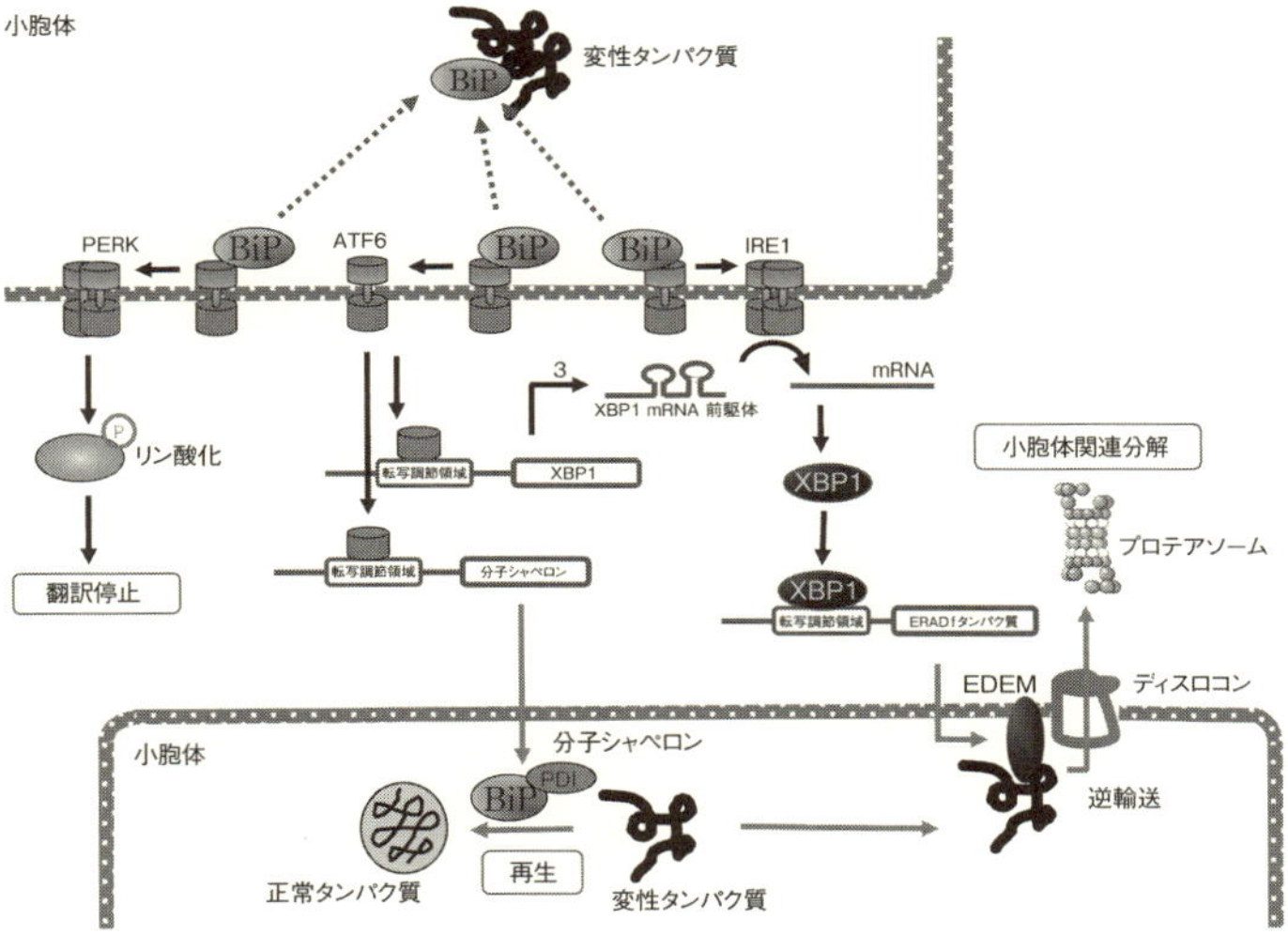

【図Ｃ】 小胞体におけるタンパク質の品質管理機構

用し、リン酸化という反応を通じてこれを不活性化させてしまう。そうすると翻訳がストップする。つまり作ってもタンパク質が正しい構造をとれないような条件下では、翻訳自体を一時ストップさせるのである。先の工場で言えば、生産ラインをストップする戦略に対応する。

ＰＥＲＫは実際には、センサーというより作働因子であると言ったほうが適当であろう。実際に小胞体にストレス（変性タンパク質の蓄積）が起こっていることを感知したのはＢｉＰであり、ＰＥＲＫはＢｉＰが外れたことによって活性を獲得し、翻訳を止める働きをする作働因子というのが正確である。しかし、ここでは慣例に従って、ＰＥＲＫをセンサータンパク質と呼んでおこう。

これは一種のフィードバック阻害である。小胞体内腔のストレスを感知し、ＰＥＲＫという膜貫通タンパク質が、膜を隔ててそのシグナルを伝える。膜を隔てた、フィードバック制御によって、これ以上ストレスが拡大することのないように調節し、恒常性維持を図っているのである。

小胞体膜には、ATF6という膜タンパク質も存在する。名前は覚えていただかなくて結構だが、これが第二のセンサータンパク質である。ATF6にもBiPがついて不活性の状態に保っているが、先と同様、小胞体内に変性タンパク質が蓄積し、BiPが外れるとATF6も活性化される。ATF6の場合は、膜の内部で切断を受け、二つの断片になるが、外側部分がサイトゾルに遊離する。この切れた断片が核へ移動し、転写因子として遺伝子の発現のスイッチをオンにする。ここで誘導される遺伝子は小胞体分子シャペロン群である。分子シャペロンは変性したタンパク質に結合して、凝集体を作るのを防ぐとともに、その再生を促す。修理すれば使えるタンパク質は、分子シャペロンをどんどん作って〈修理・再生〉させようという戦略である（【図C】）。

さらに小胞体膜にはもう一つのセンサー分子IRE1という膜タンパク質が存在する。詳細は省くが、小胞体ストレスによって、この第三の経路を介して新たに作られるタンパク質のなかに、変性したタンパク質を分解処理するのに必要なタンパク質が何種類も含まれている。工場における品質管理で述べたところの、第三の処置、すなわち〈廃棄処分〉にあたるものである。

この経路で合成されてくる廃棄処分のためのタンパク質のうち、最初に見つかったものがEDEMという新規タンパク質であり、実は我々の研究室で発見したものである。

このEDEMをはじめとするいくつかのタンパク質の助けを得て、変性したタンパク質は小胞体の孔（出口）を通って、サイトゾル側に逆輸送され、プロテアソームによって分解処分される。使いものにならない不良品は、工場の外へ運び出して廃棄処分ということである（【図C】）。

私たちの研究室が現在もっとも力を入れている研究分野が、この小胞体におけるタンパク質品質管理機構の研究であり、この過程で重要な役割を果たしている新規遺伝子（タンパク質）をいくつか発見した。先のEDEMは変性して分解にまわされるべきタンパク質を認識し、分解系へとリクルートする新規タンパク質である。小胞体膜を通して外へ出すためには、タンパク質が折りたたまれた構造を持っていては、その小さな孔を通らない。通すためには、折りたたまれた三次元構造を一本のヒモにまで戻してやる必要がある。私たちのグループでは、この変性したタンパク質の構造をほどいて、小胞体膜上の孔を通りやすくするタンパク質（酵素ERdj5）も新たに発見し、いずれもこの分野では国際的に注目される因子となった。現在も研究を継続中である。

ついでに言っておくと、この緊急処置は、この順序で発動するよう工夫されている。生産ラインのストップが最初に起こる反応である。次にそれより遅れて修理・再生のためのタンパク質が作られる。ここではいったん新たなタンパク質の合成が必要になるので、その分、時間的なラグがあると考えられる。廃棄処分のためには、実は2段階のタンパク質合成のプロセスを必要としている。どうやら、修理できるものを、無駄に分解してしまわないための工夫であるらしい。まことに理に適っている。いったい誰がそこまで考えて、この機構を作ったのかと、溜め息が出そうである。この時間差攻撃（ちょっと古いか）も、品質管理の分子機構から見えてくる実に美しい合理性である。

第9章　細胞内のリサイクリングシステム

自分を食べる

歳をとってくると、いきおい肉の摂取量が減るようである。淡泊になり、脂っこいものを受け付けなくなる。なぜ肉を食うのか。答えはいたって簡単で、タンパク質を作る材料となるアミノ酸を得るためである。

以前にも述べたように、我々の身体のなかのタンパク質を作っているアミノ酸は基本的に20種類である。そのなかには、必須アミノ酸と非必須アミノ酸があるが、必須アミノ酸は、体内で合成することができず、外から摂取する以外にない。例の「風呂場の椅子の独り占め」である（80ページ参照）。

我々の個々の細胞内では、活発なものでは1秒間に数万個のタンパク質が合成されていると考えられる。タンパク質の大きさはさまざまだが、平均すると300個内外のアミノ酸からできているものが多い。1秒間に1つの細胞で、1万個のタンパク質が作られるとして、一日では、

10000×300×60×60×24個のアミノ酸が必要ということになる。ほぼ2500億個。体内には60兆個の細胞がある。もちろん、すべての細胞がこんな活発なタンパク質合成を行っているわけではないが、身体全体で一日に、いったいどのくらいのアミノ酸が消費されるかは、想像を絶するものがある。

このアミノ酸をどこから取り入れるか。もちろん食事（エサという意味なら食餌と書くべきだろうが）からである。動物、植物のタンパク質を食べるわけである。牛肉や鶏肉などは典型的な動物性タンパク質であるし、大豆やじゃがいも、米などにも植物タンパク質が多く含まれている。牛肉や魚、鶏や卵、バッタやカタツムリまで、それらのタンパク質は、胃や腸でアミノ酸にまで分解されて取り込まれる。

幸いなことに、我々ヒトが利用しているアミノ酸と、動物、植物に含まれるアミノ酸とのあいだにはなんら違いがない。これは大切なポイントである。動物も植物も、大腸菌に至るまで、地球上のすべての生物が同じアミノ酸を用いているということは、すべての生物がもともと一個の生命体から進化してきたものであるということを示している。このことはDNAや脂質（リピッド）をはじめ、アミノ酸以外の多くの生体物質にも当然当てはまることだが、特に動物や植物から取り込んだタンパク質、それを作っているアミノ酸は、そのまま私たちのタンパク質を作るのにも利用できるということは改めて強調しておいてもいい。当然のことのように思っているが、もしタンパク質を作っているアミノ酸が、人と他の動物、あるいは植物のあいだで違っていたら、我々はそれを一から体内で作らなければならず、成長や活動には、はるかに不利な生命活動を強いられることになっただろう。

我々成人が1日に摂取すべきタンパク質は70gと言われている。それではそれを使って70gのタンパク質を作るのかと言えば、どうもそうではないらしい。成人では、1日に180gほどのタンパク質を作らなければならない。

ということは、摂取したタンパク質からだけでは、必要なタンパク質を作れないということになる。どうしているのか。実は、私たちは、自らを食べて、不足するタンパク質を得ているのである。そう言ってしまうとちょっとびっくりするが、論理的にはそう考えざるをえない。蛸はひもじくなると、自分の足を食べて空腹を紛らすと言われている。これはもちろん作り話であるが、自分を食べて不足のアミノ酸を補うとは、そんなイメージである。

1日に合成するタンパク質の量が180gであるなら、分解する量も180gと考えなければならない。成人のタンパク質量は、日々増えるというものではなく、平衡しているので、合成したのと同じ量のタンパク質が分解されているはずである。摂取と合成、分解、そして排泄の関係は、【図46】のようになる。

つまり、摂取するタンパク質の3倍近くもの量の身体のタンパク質を分解し、そこからアミノ酸を得ているのである。と言っても、別に自分の肉を食うわけではない。私たちがタンパク質を得ているのは、実は細胞のなかのタンパク質の分解によってなのである。当然、細胞のなかで分解されたタンパク質は、多くはそのままその細胞で使われる。言い方がややこしくなったようだ。もっと端的に言えば、個々の細胞のなかで必要なタンパク質を作るために、その細胞のなかの不要になったタンパク質を分解して、アミノ酸を得ているのである。

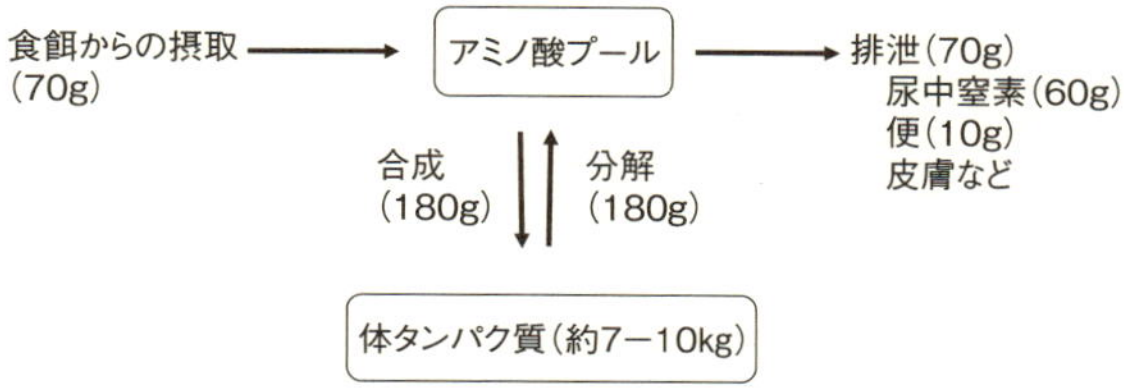

【図46】 体内アミノ酸の出納帳（『タンパク質の一生』より）

これはまさにリサイクリングであるが、細胞のなかでは、タンパク質リサイクリングのシステムがうまく働くようになっている。このリサイクリングがなければ、とても私たちは、外から摂る栄養だけで自身を維持していくことは不可能なのである。

不要なものだけを狙って分解――選択的分解

細胞内のタンパク質分解には、選択的分解と非選択的なバルクの分解という二つの分解の方式がある。

タンパク質を合成するのには、数多くの複雑なステップを経なければならない。以前に述べたように、DNAの遺伝情報（塩基の配列）を、mRNAという情報の運び屋に託して核から持ち出し、アミノ酸の配列を書き記したmRNA上の設計図に従って、アミノ酸を次々と連結（翻訳）してゆく。実際にはリボソームという巨大なタンパク質とRNAの複合体のなかで、このアミノ酸の連結作業は行われるが、アミノ酸が繋がった後もけっこう大変で、アミノ酸の繋がった一本のヒモを折り畳んで、三次元的な構造を作ってやらなければならない。これには分子シャペロンをはじめとする多くのタンパク質の介助が必要とされる。

1個のタンパク質が作られて機能を獲得するまでには、数多くのプロセスが介在し、そのそれぞれのプロセスにエネルギーが必要とされる。1個のタンパク質が作られるためには膨大な数のATP（エネルギー源）が必要なのである。

そんなに多くのエネルギーを消費してタンパク質を作るのなら、もっと注意深く作ればよさそうなものだが、実際には、どうも生物はいい加減にタンパク質を作っているという印象がある。一個一個、丹精を籠めて作るというよりは、かなりアバウトに作って、駄目なものは処分してしまうという戦略が好きなようなのだ。これについても以前に（182ページ）述べたことがある。

タンパク質の分解には、分解すべきタンパク質にだけ特殊な目印（タグ）をつけて、その目印のついたタンパク質だけを分解する選択的分解と、後に述べるように、分解のための選別をスキップして、まわりにあるタンパク質やオルガネラを一緒くたに膜で包み込んで、一挙に分解してしまうオートファジーと呼ばれる分解がある。こちらはバルクの分解と言ってもいいだろうか。

まず、選択的分解について述べることにしよう。

分解すべきタンパク質には、特殊なタグをつけると言ったが、このタグに相当するものも、実はタンパク質である。つまりタンパク質に、別のタンパク質をくっつけて、それを分解の目印にする。このタグとなるタンパク質はユビキチンと呼ばれる比較的小さな分子である。どうやってくっつけるのか。これは酵素反応によって行われる。しかも少なくとも三つの酵素が順に働いて、目的とするタンパク質（基質）にユビキチンをつけ、ユビキチンのついたタンパク質だけが分解を受けるのである。

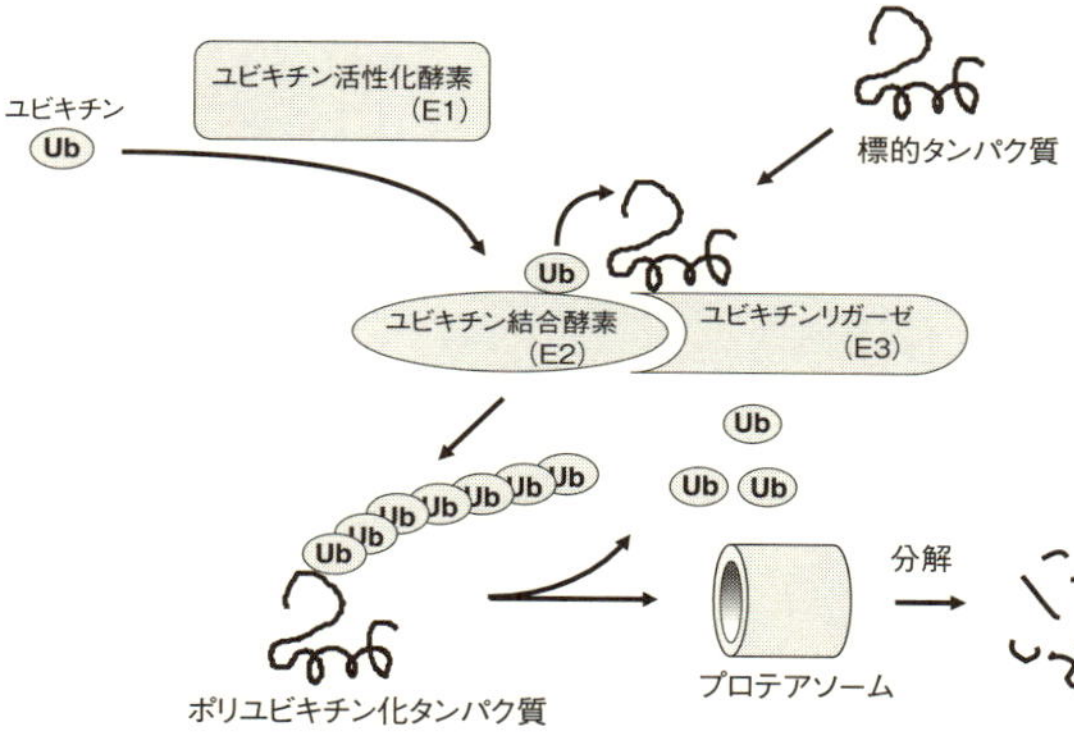

【図 47】　ユビキチン付加によるタンパク質の分解機構

　まずユビキチンは、第一の酵素に結合し、〈活性化〉された状態になる。このユビキチンは次に第二の酵素に受け渡される。いっぽう、ユビキチンを受け取る基質は、第三の酵素によって連れて来られ、ユビキチンの付加を受ける。一個のユビキチンを標的タンパク質につけるために、少なくとも3種の酵素を必要としている（【図47】）。

　たかが分解のために、なんとも面倒なことである。しかも、このユビキチンは1個ついたらそれで分解の目印になるというものではない。少なくとも4個以上のユビキチンがつくことが分解には必須である。つまり、右に述べた三つの酵素からなる酵素反応が、少なくとも4回以上、繰りかえされなければならないのである。

なぜそんな面倒なことをするのか。それは何段階もの複雑な過程と、多くのエネルギーを使って合成したタンパク質をむやみやたらに分解してしまっては、エネルギーの無駄遣いになってしまうからである。せっかく高い代償を払って作り出したタンパク質であるから、分解するときには、念には念を入れて（4回以上も酵素反応を繰り返して）、分解すべきものかどうかをしっかり確認してから分解しようというわけである。選択的分解と呼ばれる所以である。

巨大な分解機械・プロテアソーム

分解基質にタグを付けたのであるから、当然、それを認識する何らかの分解機構があるはずである。細胞内では、分解にせよ、輸送にせよ、何らかのシグナルがあれば、必ずそれを認識する受容体が存在する。シグナルが受容体に認識されることが、それ以降の反応に必須なのである。この選択的分解の場合の認識のメカニズムは、実は分解機械そのもののなかに組み込まれていた。この分解は、プロテアソームと呼ばれる巨大なタンパク質複合体が担っている。

プロテアソームは、【図48】のように、筒状をしたタンパク質複合体であり、大きく三つの部分に分けられる。真ん中の筒状の部分は、4個のリングから成っており、各々のリングは7個のタンパク質から成っている。この部分だけで都合28個のタンパク質が集まっており、そのなかにタンパク質を切断する活性を持ったサブユニットがあり、この筒の内部をポリペプチド鎖が通過するとき、ペプチド鎖を切断する。つまりタンパク質を分解するのである。

筒状の部分の両側には、調節サブユニットと呼ばれる部分があり、ここにもそれぞれ17個ほどのタンパク質が集合し、構造を作っている。この調節サブユニットには、標的タンパク質に結合しているユビキチン鎖（多くのユビキチンが結合しているのでポリユビキチン鎖と呼ばれる）を認識するユビキチンレセプター（受容体）がある。

調節サブユニットには、ユビキチン鎖を基質から切り離す酵素も存在している。分解の目印のためのタグとしてユビキチンをくっつけたが、そのタグであるユビキチンまで分解してしまったのではあまりに非効率的である。プロテアソームのリングにポリペプチド鎖を送り込む前に、ユビキチンだけ切り離して、再利用しようというのである。なるほどと頷かざるをえない。

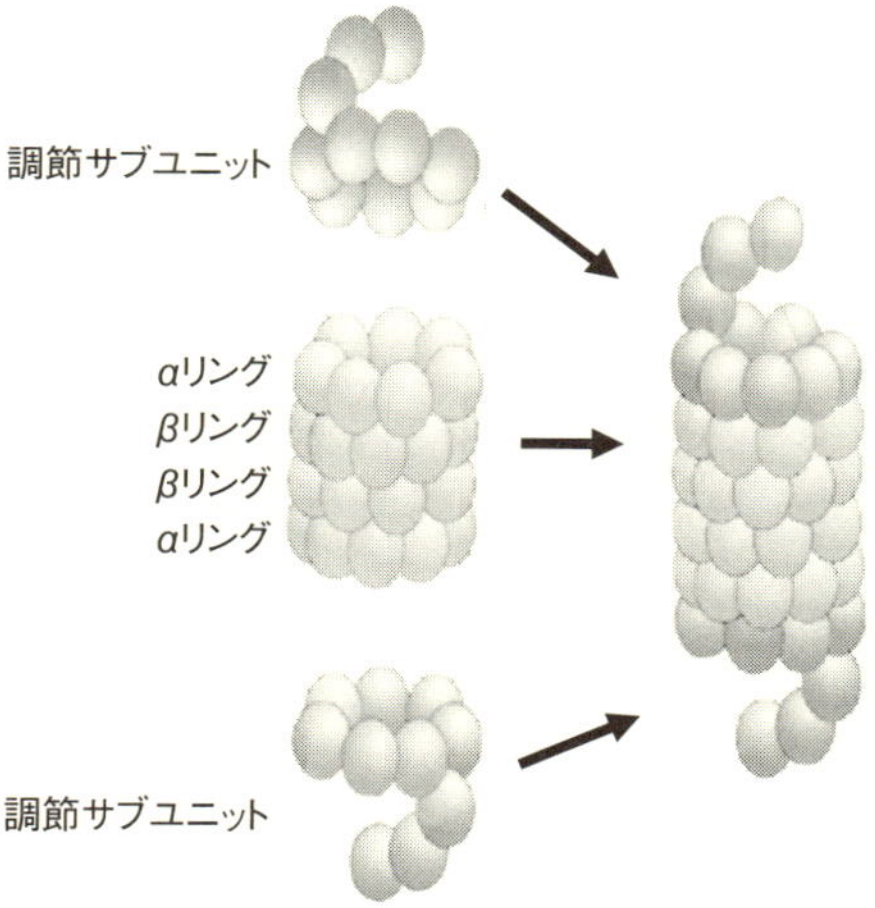

【図48】 プロテアソームの構造

ポリペプチド鎖が筒のなかへ送り込まれて分解されると述べたが、以前の話を思いだしていただければ、タンパク質はポリペプチドが正しくフォールディングされて、構造をとっていた筈である。そんな構造をもったタンパク質は、狭い筒には入れない筈ではないか。その困難を克服するために、実は基部にはその構造を解きほぐして1本のポリペプチド鎖に、つまりヒモ状にするための分子も存在しているのである。これは解きほぐしという活性を持っているので、分子シャペロン様の分子と言ってもいいだろう。

驚きはまだ続く。リング領域の、特にαリングは、普段は閉じた状態になっていて、ポリペプチド鎖が通過できない。調節サブユニットには、このαリングを開かせるための装置も備わっているのである。

リング領域はもっぱらポリペプチド鎖の切断を受け持っているが、調節サブユニットでは、ポリユビキチン鎖の認識、ポリユビキチン鎖の切断（脱ユビキチン化）、三次元的な構造を解いて（アンフォールド）1本のポリペプチド鎖にする分子シャペロン様活性、そしてリングの開閉の調節まで、実にゆきとどいた分解のための準備作業がなされているのである。

このような選択的分解システムは、ユビキチン・プロテアソーム系（ＵＰＳ）と呼ばれる。しかもこの系においては、ユビキチンの付加にも、プロテアソームによる分解にもＡＴＰのエネルギーが必要なのである。合成にエネルギーを要するのは納得できるとして、その分解にもエネルギーが必要とは、なんとも無駄なような気がするが、実はそんなエネルギーを使ってでも、特定のタンパク質だけを選択的に分解することは、生体の恒常性の維持という観点からは安い費用なのである。細胞はしっかりエネルギー収支の帳尻を合わせ、全体として無駄を無くすようにシステムを構築している。

ユビキチン・プロテアソーム系は不要になったタンパク質を選択的に分解するのが生理機能で

あるが、単に古くなったタンパク質を分解するというものではなく、種々の細胞機能に密接に関わっている。タンパク質によっては、ある局面においてだけ必要で、次にはそれが消えることが必要な場合も多くある。個々の例は述べないが、細胞周期の特定の時期にだけ働くタンパク質は、その時期が過ぎればユビキチン・プロテアソーム系によって速やかに分解される。他にもタンパク質の品質管理、免疫応答、シグナル伝達、時計遺伝子などユビキチン・プロテアソーム系の関わる細胞現象は数えきれないほど報告されている。

プロテアソームの発見に関わり、その後も、プロテアソームの機能解析において世界をリードしている研究者の一人が、田中啓二博士（東京都医学総合研究所長）である（【写真6】）。田中博士は1983年にエネルギー依存性のタンパク質分解が二段階から成っているという説を発表し、その後、プロテアソームのサブユニットを次々に明らかにし、その構造を決めるなど、世界のユビキチン・プロテアソーム研究を現在も牽引し続けている。

【写真6】 田中啓二博士

バルクのタンパク質分解・オートファジー

タンパク質の分解は、きわめて注意深く、分解すべきものだけを選択して処理していることを縷々述べてきた。その直後にまったく逆のことを言うようであるが、細胞は基質を選ばないで大雑把に分解する機構もまた持っている。

細胞に栄養が与えられないような状況を考えてみよう。飢餓状態である。生体であれば飢餓とは食事を摂れない状態を言うのであるが、細胞レベルではタンパク質合成の原料であるアミノ酸の供給が絶たれている状態がそれに対応する。タンパク質を作ろうにも、その原料がないのである。しかし、そんな状況でもタンパク質は常に作り続けなければならない。先に述べたように、生体は1日に180gのタンパク質を新たに作らなければならないのである。

そんな時どうしたらいいのだろう。無い袖は振れぬなどというのは人間世界だけのこと。細胞は、そんな呑気なことは言っていられない。必要とされるタンパク質は、何としても作り続けなければならない。外からのアミノ酸の供給がない状態では、仕方がないから自分のタンパク質を壊してでも、そこからアミノ酸を調達しようとする。

ユビキチン・プロテアソーム系による選択的分解を先に述べた。しかし、飢餓状態ではそんな悠長なことは言っていられないので、とりあえず〈そのあたりにある〉タンパク質を十把一絡げに、まとめて分解しようということになる。乱暴な話であるが、そのようにしてでも、〈恒常的に〉タンパク質を作り続けることが、細胞内恒常性（ホメオスタシス）を保つには必須なのである。

ここで登場するのが、オートファジーと呼ばれるメカニズムである。「オート（auto）」は自分・自己、「ファジー（phagy）」は食べるということであり、これを組み合わせたオートファジー（autophagy）は「自食作用」と訳される。

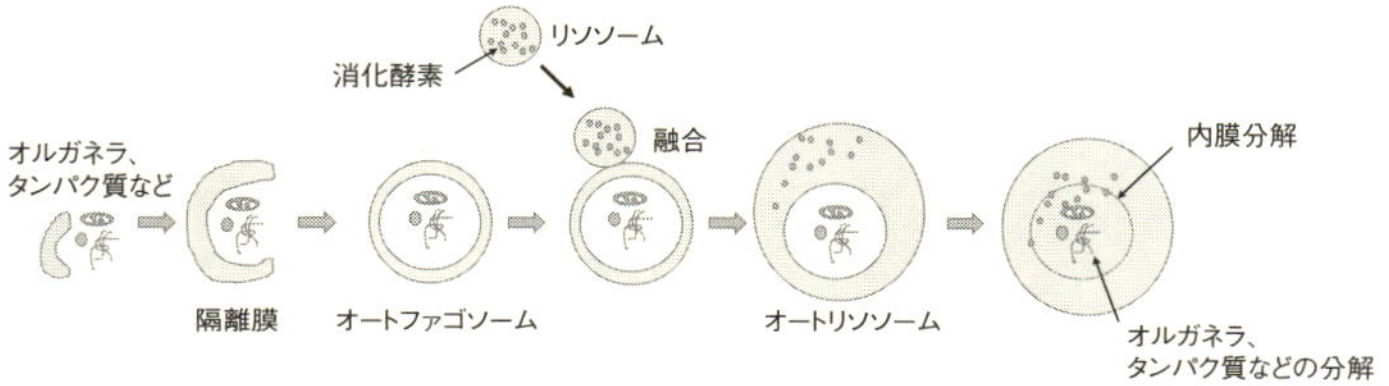

【図49】 オートファジーによるオルガネラ等の分解

膜に囲まれた内部に、ミトコンドリアや小胞体の一部を囲いこんだ構造があることは細胞の電子顕微鏡観察によって知られていた。リソソームという、分解に特化した機能をもつオルガネラを発見したクリスチャン・ド・デューブは、１９６０年代初頭、この膜構造によって囲われた内部では分解が行われていると考え、その分解をオートファジーと呼ぶことを提案した。

飢餓状態になると、まずサイトゾルの一部に小さな膜構造が出現する。最近になって、哺乳類の細胞では、これはどうやら小胞体とミトコンドリアが接触しているあたりからできてくるものと報告されている。小胞体の膜の一部が伸びだしてきて、湾曲し、図に見られるように、隔離膜と呼ばれる球状の特殊な膜構造を作る（【図49】）。電子顕微鏡で見ると、大きく湾曲した膜のなかに、まさに呑みこまれようとしているミトコンドリアなどのオルガネラや、その破片のような構造が見つかる。

このようにして〈餌〉を咥えこんだ隔離膜は、膜の口にあたる部分が閉じて、膜の融合が起こる。以前にも述べたように、私たちの細胞を作っている膜は、そして細胞の内部でオルガネラを作っている膜は、きわめて容易に膨らんだり、くびれたり、くっつきあって融合したりする。

シャボン玉が小さな球に別れていったり、いくつもの小さなシャボン玉がくっついて大きな一つのシャボン玉になったりするのと同じ原理である。

こうして閉じた球になったものをオートファゴソームと言う。哺乳類では直径1マイクロメートル（ミクロン）ほどの球である。この球のでき方を考えれば、それが二重の膜によって囲われた構造をとることは容易に理解されよう（【図49】）。オートファゴソームのなかには、ミトコンドリアや小胞体などのオルガネラ、タンパク質の凝集体などの大きな構造が囲い込まれるのであるが、当然のことながら、サイトゾルの成分をも含んでいる。サイトゾルはどろどろのタンパク質のジュースのようなものでもあり、そこには豊富な栄養が蓄えられている。

こうして豊富な栄養素を含んだ細胞内成分を膜のなかに囲んだものがオートファゴソームであるが、これはまだ準備段階であり、これを栄養素として利用するためには、これらのタンパク質をアミノ酸にまで分解しなければならない。そのために、細胞はリソソームという、分解のための酵素がいっぱい詰まった袋（オルガネラ）と融合する（【図49】）。

オートファゴソームは二重の膜からできているが、外膜がリソソームの膜と融合し、一体化することによって、オートファゴソームの内膜だけで囲まれた袋が、その融合した膜構造のなかに残される。リソソームの中には、膜の脂質を分解する酵素（リパーゼ）も多く含まれているので、次には、オートファゴソームの内膜も溶解される。(注36) こうしてオートファゴソームとリソソームが融合したものをオートリソソームと呼ぶ。

あとは咥えこんだ餌を分解するだけである。リソソーム（lysosome）は、分解（lysis）小体（some）という名が示すように、生体高分子の消化の場である。糖の分解に関わる酵素、膜成分であるリン脂質などの分解を行う酵素、DNA、RNAなどの核酸の分解のための酵素など、さまざまの酵素類を含んでいるが、特にタンパク質の分解に関わるプロテアーゼは、アミノ酸の獲得ということからはもっとも大切な酵素である。

リソソームの内部には、消化のための酵素が含まれていることは前述のとおりであるが、ある意味ではそれらはきわめて危険なものである。リソソームに含まれている酵素がサイトゾルのなかで自由に破壊活動を始めると、膜も核酸も、タンパク質も糖も、あたりかまわず融かされてしまい、もはや細胞の内部環境は壊滅的な状態に陥らざるを得ない。それらの破壊酵素が普段は働かない状態で待機していてもらわないと困るわけである。そんな危険な分解酵素類は、まとめて袋のなかに閉じ込めておく。リソソームの膜で囲まれた中にこれらの酵素が閉じこめられているのは、実に理にかなったことなのである。

しかし、もしリソソームの膜がなんらかの事故で破れてしまったらどうなるのか。膜なんてとても脆弱で、すぐに破れてしまいそうで、これではおちおち寝てもいられないではないか。

そんな心配を払拭するため（?）に、リソソームはもう一つの安全装置を備えている。実は、リソソーム内部で働く分解酵素は、pHが低い(注37)、つまり酸性の状態でないと働かない酵素ばかりなのである。リソソーム内部はpHが低いが、万が一、リソソーム膜が破れて分解酵素がサイトゾルに漏れだしても、そこはpHが中性であるので、リソソームの酵素は働けない。分解酵素を持っていることは、細胞の生命活動にとっては是非とも必要なことではあるが、いっぽうでそれはテロリストのようにきわめて危険な存在でもある。そのような危険性から自身の細胞内環境を守るために、細胞は二重の安全装置を備えているのである。

リソソームの内部は外部

以前に細胞内にも外部があると述べた。第3章、第5章に述べたところなので繰りかえさないが、そのでき方や、細胞内輸送の方式を考えれば、小胞体の内部、ゴルジ体の内部は実はトポロジー的には細胞の外部なのである。この細胞内トポロジーは破られることがない。オートファジーではそれはどうなっているのか、少し見ておくことにしたい。

実はリソソームの起源は明らかにはなっていない。しかし、ゴルジ体（オルガネラ）の膜がくびれ、それが小胞を作って、リソソームと融合することは確かである（【図50】）。ゴルジ体の内部は小胞体の内部と地続きであり、外部であった。ということは、一重の膜で囲われたリソソームの内部も外部であるに違いない。(注38)

オートファゴソームが二重膜に囲まれていることを述べたが、これは小胞体の膜がくびり切れたと考えれば、その外膜と内膜のあいだのスペースはトポロジーとしては外部である。それがリソソームと融合する。オートファゴソームの外膜とリソソーム膜とが融合するということは、そ

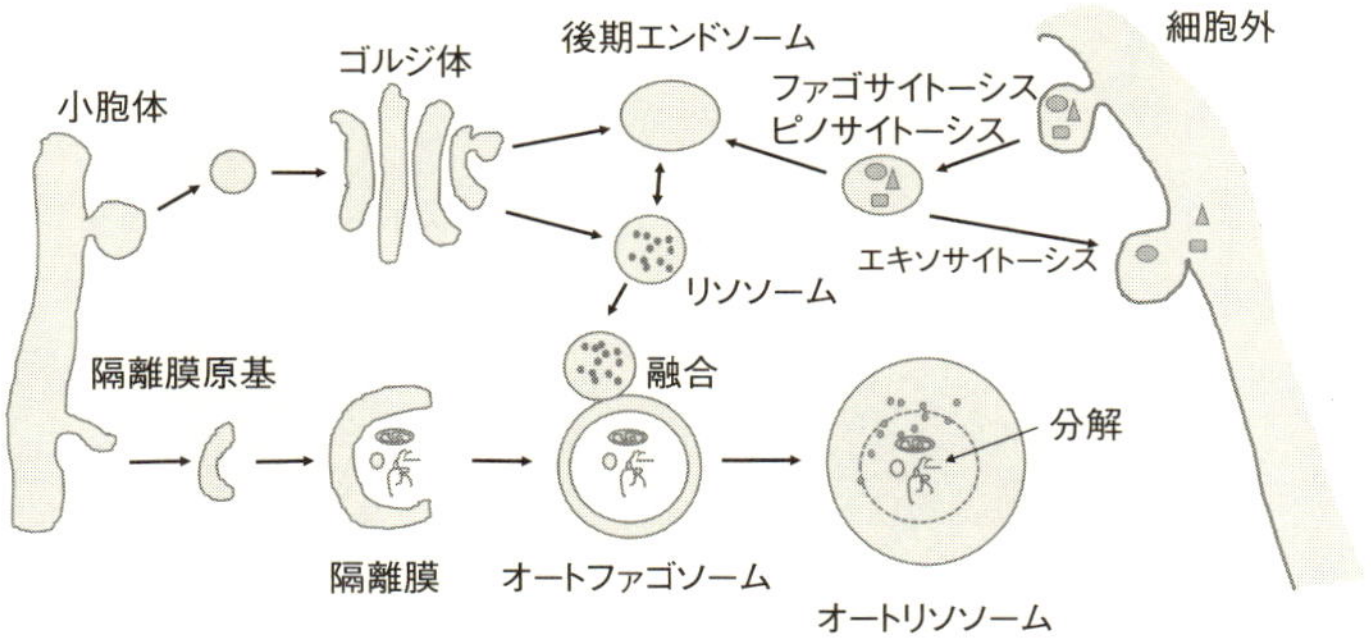

【図50】 オートファジーの内と外

れぞれ外部同士が一つの空間を作るということに他ならない。融合によってできた空間は外部となるが、その外部にオートファゴソームの内膜が取り残された形になる。リパーゼなどによって、その内膜が破られると中の餌たちは、外部に露出することになり、たちまち、外部に存在していた消化酵素たちの餌食となる。

こう考えると、オートファジーによる分解という機構は、分解すべき餌をいったん外部に持ち出して、外部で分解するための装置だと考えることもできる。分解して得たアミノ酸は、オートリソソーム膜を跨いでサイトゾルに輸送されて、タンパク質合成の原料として使われる。つまり外部から内部へ膜を跨いで輸送するわけである。

これは食事として摂取したタンパク質を胃や腸でアミノ酸にまで分解し、それを細胞内に取り込むのと同じである。細胞内のタンパク質を分解はしているのだが、栄養素としてのアミノ酸は、外部から供給されるのだと言ってもいいかもしれない。

分解したあとで、有効利用できない成分は、エキソサイトーシスという、エンドサイトーシスと逆の経路で細胞外へ放りだす。呑みこむのがエンドサイトーシス、吐き出すのがエキソサイトーシスである。エキソサイトーシスはリソソーム膜が細胞膜と融合し、リソソームの内容物を外部に放りだす仕組みである。膜を通過させる必要がないので、大きな非消化物なども放りだすことが可能である。ここでもやはりリソソームの内部が、細胞外であることが利点となっている。廃棄物は内部に貯めこむ必要はないし、内部に保管しておくのは細胞にとって不都合であり、危険でもあるので、外部に放りだすに越したことはない。

オートファジーの生理的役割

ド・デューブによってオートファジーが記述されてからも、この分野の研究はほとんど進展しなかった。酵母にもオートファジーは起こるのであるが、オートファジーを起こせない酵母の変異体を用いて、この分野の発展に画期的な貢献をしたのが、基礎生物学研究所の教授だった大隅良典博士（現・東京工業大学栄誉教授）である（【写真７】）。大隅博士は、酵母の変異株を解析することによって、先に述べたような隔離膜ができ、それがオルガネラを取り囲んで、リソソームと融合するまでの一連の現象に関わる遺伝子の、ほぼすべてのセットを発見した。これがオートファジー研究の発端となり、世界的にも驚異的なスピードで研究が展開している。オートファジーの分子機構を明らかにした功績によって、大隅博士が２０１６年度のノーベル生理学・医学賞を受賞したのは記憶に新しいところである。これが大隅博士の単独受賞であったことも、博士の研究がいかに独創的なものであったかを物語っている。

細かなメカニズムについては触れないが、少なくとも18種類の遺伝子がオートファジーに必要な遺伝子として報告されている。そのうち大隅博士の最初の研究によって14個の遺伝子が同定され、大隅博士とその弟子にあたる吉森保《たもつ》（大阪大学大学院教授）、水島昇（東京大学大学院教授）の三人に代表される日本の研究者は、文字通り世界のオートファジー研究を牽引しているのである。先のプロテアソーム研究の田中啓二[注39]博士、それにオートファジー研究の大隅良典博士の存在によって、わが国はタンパク質分解の分野で世界を一貫してリードしていると言ってもいいだろう。

オートファジーは飢餓状態に陥ったときの細胞の自己防衛の手段である。しかし、研究が進むにつれ、その生理的意味ははるかに大きなものであることが明らかになってきた。

【写真7】　大隅良典博士

赤ちゃんが生まれる時、しばらくは母体からの栄養が得られない状態に置かれることになるが、この時にもオートファジーが働いて胎児あるいは新生児を守っているし、もっと前の受精卵の発生にもオートファジーが必須の役割を持っていることも明らかになった。

細胞内には常に（タンパク質などの）ゴミがたまる。ゴミと言うとやや大雑把だが、タンパク質が変性して凝集体を作ったものなどをイメージして欲しい。このゴミをいつも掃除しておかないと細胞には毒である。神経細胞のような再生の難しい細胞では、いったん細胞が死んでしまうと、それを補充することが難しいので、スポンジ状に神経細胞の脱落した、いわゆる神経変性疾患などの病気に陥る。オートファジーは細胞内の掃除屋として常時活躍しているらしい。また癌や免疫においても重要な役割を果たし、たとえば細胞内に侵入してきた病原細菌をそのまま包み込んでオートファジーによって分解する機構のあることも最近の重要な発見である。

オートファジーの生理的役割についてはどんどんその範囲が広がっている。すべてを述べる余裕がないが、たとえば水島昇博士の『細胞が自分を食べる　オートファジーの謎』（ＰＨＰ研究所）は、さすがにこの研究の第一人者が書いただけあってすばらしくおもしろい本である。一読をお勧めする。

内部と外部の折り合いのなかに生命はある

こうしてオートファジーあるいはリソソームというオルガネラだけを見ても、細胞はその内と外を巧みに使い分けているという気がする。内部のホメオスタシスを維持するために、内部が外部とうまく折り合いをつけながら、なお自らの内部を主張しているようにも見える。

細胞内共生のミトコンドリアの例で見たように、細胞は外部たるミトコンドリアを巧みに自己の内部に生息させ、その人権（あるいは生存権）をある程度保証したまま、宿主のためにエネルギーを生産させ続けている。ミトコンドリアには複製の自由は保証し、ある程度の自治権を認めている。またその生存のための種々のタンパク質をせっせと供給してもいる。しかし、その生存を自己の生命活動のために利用することも忘れない。内部と外部は互いに相手を尊重し、折り合いをつけながら共存している。

細胞内に生じたタンパク質凝集体といった、内部で処理できないものについては、それを置いておくと毒性によって細胞自身が死んでしまうので、オートファジーによって、まず外部に隔離する。そして分解によって、再利用できる低分子物質だけをもう一度内部に運びもどし、使えない大きな廃棄物はそのまま細胞外に放出する。これもリソソーム内部が外部であるからこそ可能な仕組みだと考えることもできる。

われわれ個体も外部に囲まれて生きているわけであるが、個々の細胞もまた自らの内部に、巧みに外部を抱え込みながら、そのあいだで自由に、かつ選択的に物質のやり取りをする。そんなふうに外部と内部が互いに折り合いをつけながら、維持されているのが生命の恒常性なのだと言うこともできよう。外部と内部の境界こそが、生命のもっとも大切な活動の場なのだと言ってみたい気もするのである。

（注36）ちょっと注意深い読者なら、リソソーム酵素は内膜を分解して溶かしてしまうのに、どうして外膜

は分解しないのかという疑問を持つかもしれない。リソソームには脂質の分解を司る酵素、リパーゼも含まれているからである。もしそのような疑問を持っていただければ、嬉しいことであるが、これは何故なのか、まだよくわかっていない。同じようにリソソームというオルガネラはどうして自分の膜を分解しないのかという問いもあろう。そして、これもまだよくわかっていない。生物学、生命科学ではこのようにちょっと突き詰めて考えればわからないことばかりなのである。私などが、40年を越えて研究者をつづけているのも、こんなふうにどこまで行っても終わりのない問いの連鎖に魅せられているからに他ならない。

（注37）リソソーム膜にはATPのエネルギーを利用して、水素イオン（H^+、プロトンと呼ばれる）を取り込むためのポンプが備わっていて、常にサイトゾルからプロトンをリソソームの内腔に運び込んでいる。水素イオン濃度が高くなるということは、すなわち酸性になるということであり、このポンプの働きによって、リソソームは酸性に保たれているのである。これも膜を介した細胞の内外（サイトゾル＝内部とリソソーム＝外部）のあいだの物質輸送の例である。

（注38）これはリソソームが別の作用を持っていることからも支持される。リソソームはオートファジーだけでなく、細胞外から取り込んだ物質を消化する場でもある。細胞膜がくびれ、たとえば細菌のような大きなものを咥えこんだり、小さな物質や溶液成分を咥えこんだりすることを、それぞれ貪食（ファゴサイトーシス）および飲作用（ピノサイトーシス）と呼ぶ。貪食は文字通り貪（むさぼ）り食う。血中を流れているマクロファージという細胞は、別名大食細胞とも呼ばれるが、細菌やウイルスなどの病原微生物や異物を食べて、それを排除するだけでなく、その情報を免疫系へと受け渡す作用をする大切な防衛隊である。貪食に特化した細胞と言ってもいいかもしれない。飲作用は細胞外から栄養物を含んだ液性成分を取り込む機構であり、普通の細胞に共通してみられる現象である。細胞膜が小さく陥入して、小胞を作って、細胞内に取り込む。

貪食も飲作用も、どちらも膜が陥入して外部の物質を取り込む機構であり、まとめてエンドサイトーシス（飲食作用）と呼ばれる。エンドサイトーシスによって細胞内に取り込まれた膜小胞は、次にリソソームと融合して、内容物をリソソームのなかに吐き出して消化する。この一連の動きを見ても、リソソームの内部は、外部に直結していることが一目瞭然である。

（注39）余談ながら、先に名のあがった田中啓二、大隅良典両博士、そして私を含め、同世代の分子細胞生物学の研究者7人がなんとなく集まって、それが愉しいグループに発展したのは、２０１１年頃のことであった。はじめは気のあう仲間同士の、シンポジウムなどのあとの付き合い程度のものであったのだが、いろいろな場で一緒に講演などを頼まれているうちに、誰が名づけたか「７人の侍シンポジウム」として講演を引き受ける機会が増えた。７人全員が60代であり、酒が飲め話が面白いことが勝手に決めた会員の条件であるが、サイエンスの講演のあとは、温泉などで酒を飲みながら、サイエンス以外のさまざまについて朝まで話がはずむ。それぞれが独自のサイエンスの世界を創出してきたという自負があり、かつ、お互いの研究に深い敬意を抱いている故に、心置きなく何でも話ができる。いい仲間に恵まれ、いい時間を過ごす、そんな気の置けない仲間を持っていることもサイエンスをやっている喜びであり、醍醐味なのである。サイエンスはなにもデータだけの世界ではない。サイエンスという入口を通して、何より人との出会いにこそ喜びがあるのだという点に関しては、人生そのものでもあるのである。

第10章　侵入してくるものたち

自然免疫における病原体の認識

これまで述べてきたように、細胞膜は外界との境であり、外界から自らを区画することによって生命の自律性・完全性（インテグリティ）とともに、恒常性（ホメオスタシス）を保っている。しかし、外界に対して完全に閉じてしまっては、栄養や酸素などの摂取ができなくなり、また不要となった成分の廃棄もできなくなる。それら外界との物質のやり取りを可能にするため、細胞膜は「閉じつつ、開いている」というアポリア（謎）を、どのように巧妙に実現してきたのかについて述べてきた。

本章では、生体防御とその破綻という視点から、細胞の内と外を考えてみることにしたい。

生体防御と言ってまず思い浮かぶのは免疫システムである。

免疫が医療の分野に最初に顔を出すのは、よく知られているように、ジェンナーによる種痘の実験であろう。天然痘はウイルスによって発症する病気であり、40パーセント近い致死率の高さとともに、快癒しても顔などに酷い瘢痕が残ることから「悪魔の病気」などとも怖れられてきた。いっぽう、一度かかれば二度とは発症しないことも近代医学以前から知られていて、天然痘患者の膿を健康な人に接種することで、軽度の発症を経て、耐性を与えようとする試みなども行われていたようである。また牛痘（牛の天然痘）にかかった人は、天然痘にはかからないことも経験的に知られていた。これを安全に医学に応用したのが、牛痘から天然痘ワクチンを開発して、実際にヒトに応用したエドワード・ジェンナーである。

今から考えれば、安全性のうえでも許される実験ではなかっただろうが、牛痘ワクチンを子供（これはジェンナーの子供ではなく、使用人の子供だったというから、なお驚く）に接種（種痘という）することで、ワクチンが予防に劇的に効果を持つことを証明したのであった。

ちなみに、1958年、WHO（世界保健機関）において「世界天然痘根絶計画」が採択された。天然痘が発生した地点で患者との接触者を中心に徹底したワクチン接種を行うことにより、天然痘ウイルスを封じ込めようというものである。このプロジェクトは目覚ましい成果をあげ、ついに1980年、WHOは天然痘の根絶宣言を行ったのである。この根絶計画には、当時のWHOでプロジェクトのリーダーとして力を発揮した蟻田《ありた》功《いさお》の功績が高く評価されている。人類は、その誕生以来初めて、一つのウイルスをこの地球上から完全に根絶、抹殺することに成功したのである。

このように一度かかった病気には、次にはかかりにくくなる場合があるという経験則から、その機構を探る研究が、免疫学として著しい発展を遂げた。以前は、免疫システムと言うと、ある病原体が侵入し、それを認識して、ある特定の病原体に対してのみ攻撃性を発揮するシステム、いわゆる「獲得免疫」を主として指していたが、近年、「自然免疫」が注目を集めるようになった。自然免疫は進化的には獲得免疫より古い生体防御システムであり、植物や菌類、昆虫などほとんどすべての生物に備わっている。

微生物やウイルス、寄生虫などが侵入するとまず発動されるのが自然免疫である。自然免疫は、侵入してくる微生物を精密に見分けて対応するというよりは、それらに共通するいくつかの特徴に反応して発動されるシステムと言ってもいいだろう。まずは初動の反応として大雑把に、しかもすばやく対応するのである。なにしろたった1個の細菌に感染したとしても、それが1時間で2個に分裂するとすれば、わずか1日で2000万個近くにも増殖するわけであり、感染症がどんどん進行する。2週間以上もかかる獲得免疫の成立を待ってはいられないのである。

マクロファージとか好中球と呼ばれる白血球細胞の表面には、それら病原体に共通する構造を認識できる受容体が発現しており、受容体がそれら病原体を認識すると、ある場合はそれを食べて細胞内で分解してしまったり、活性酸素やサイトカインと呼ばれる物質によって病原体を殺したりする。

ヒトには少なくとも10種類の Toll 様受容体と呼ばれるこれらの受容体が存在し、細菌やウイルスに〈共通する〉いくつもの分子を認識している。たとえば細菌の表面に存在するリポ多糖やリポタンパク質、細菌鞭毛の成分であるフラジェリン、あるいはウイルスのＲＮＡなどを認識する。これらの認識は、個別の分子を認識するのではなく、一群の分子の特徴的な構造を認識するものであり、パターン認識受容体と呼ばれる。

ここからわかるように、自然免疫では、マクロファージや好中球、あるいは樹状細胞と呼ばれる免疫細胞の表面に存在する受容体が、細胞の外部で異物（病原体）を認識し、ただちにそれを捕捉するところに特徴がある。どちらかと言えばシンプルな機構であり、進化の初めから生れたシステムであると言われることにも納得できる。

がん細胞を直接攻撃することのできるＮＫ細胞（ナチュラルキラー細胞）も、自然免疫を担う細胞である。またマクロファージや樹状細胞は、病原体を飲みこんだあと、その分解産物を使って、獲得免疫系に情報を伝え、それによって獲得免疫系を活性化する役割ももっている。

獲得免疫における病原体の認識

獲得免疫とは、ある病原体にいったん感染すれば、そしてそれを乗り切ることができれば、次に同じ病原体がやってきても、二度とそれにはかからない、あるいはかかっても軽度で済むという現象である。

感染症との関連で言えば、免疫は外部からの異物に反応して、それを除去しようとする機構ではあるが、外部からの異物を排除するためには、それを外部のもの、すなわち「非自己」と認識し、「自己」由来の分子と区別することが必須である。従って免疫学においては、「自己と非自己」をどのように認識しているのかを研究することが必須となる。きわめて哲学的な命題、〈私〉とは何か、という問題でもあろう。

病原体などの異物が体内に侵入した場合を想定してみよう。この異物認識において主役を演じるのは、主要組織適合抗原複合体（ＭＨＣ）と呼ばれるタンパク質である。腎臓や肝臓などの移植を行おうとするとき、他人の臓器を単に移植しただけでは、いかにうまく手術しようとも、やがて拒絶反応によって移植臓器は排除される。この拒絶反応に関わっているのがＭＨＣなのである。自分の組織なら生着するのに、他人のものは拒絶される。私とあなたでは、ＭＨＣが異なるからである。ＭＨＣは膜を貫通するタンパク質であり、細胞の表面で免疫細胞によって認識される。免疫細胞によって認識されることから、ＭＨＣ抗原と呼ばれる。ＭＨＣにはクラスⅠとクラスⅡの2種類の分子が存在し、その役割が違っている。

ヒトの場合は、ＨＬＡ遺伝子座によってコードされており、ＨＬＡ抗原と呼ばれる。ヒトでは、クラスⅠに3種類、クラスⅡに3種類のＨＬＡ抗原が発現している。同じタンパク質は同じアミノ酸配列を持つのが普通だが、ＨＬＡ抗原だけは例外的に多くの多型性を持ち、それぞれが数百の異なった異型を持っている。

一人の人間は、母親と父親から、それぞれ6種類のＨＬＡ遺伝子を受け継ぎ、それらはどちらも共優性で発現するので、最大12種類の、それぞれに数百の多型性をもったタンパク質が細胞表面に発現することになる。一卵性双生児以外で、完全に同じセットを持つ個体を探すのは至難のわざである。親子の間では、HLA抗原は必ず半数は違っている。親子での臓器移植で強い拒絶反応が見られるのはこのためである。

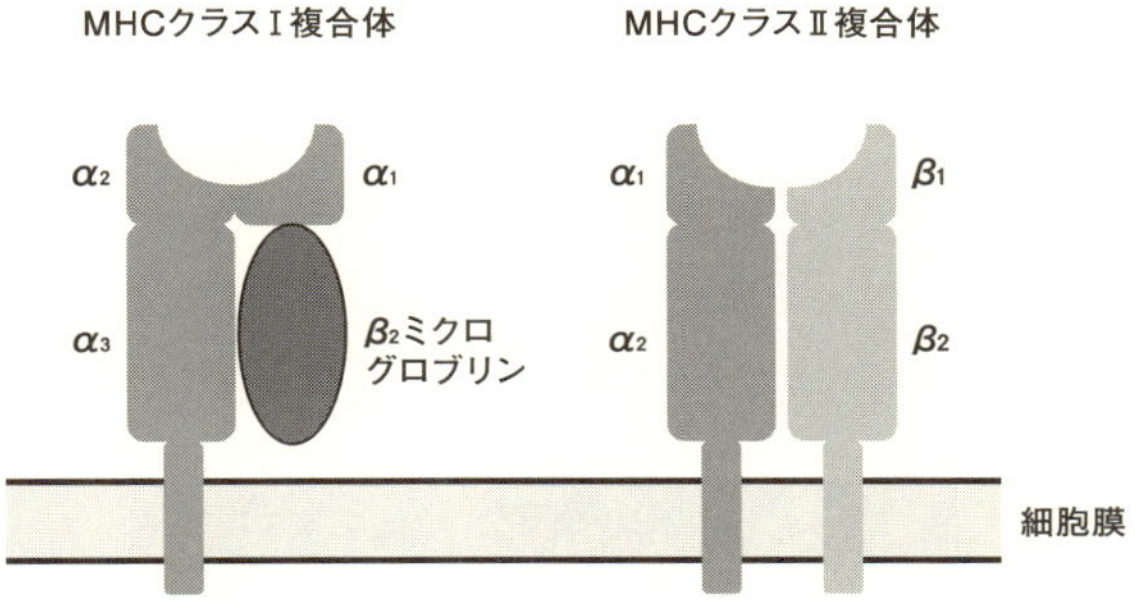

【図51】 異物認識には主要組織適合抗原複合体（MHC）が関与する

それでは何がこの違いを見分けているのか。それは免疫細胞のなかでも、胸腺（thymus）由来のリンパ球系細胞という意味からT細胞と呼ばれる細胞である。T細胞はHLA抗原のわずかな差によって、「自己と非自己」を見分け、非自己を排除してしまうのである。従って、免疫学的にはHLA抗原の組み合わせこそが、「自己と非自己」を決めている要素なのである。

MHCクラスI複合体は、身体のすべての細胞に発現しており、α鎖と呼ばれる1本の膜貫通タンパク質とβ2ミクログロブリンという小さなタンパク質の二つのサブユニットが会合したものである（【図51】）。いっぽうで、MHCクラスII複合体は、α鎖、β鎖のいずれも膜貫通タンパク質が互いに会合したものである。MHCクラスII複合体は、樹状細胞、

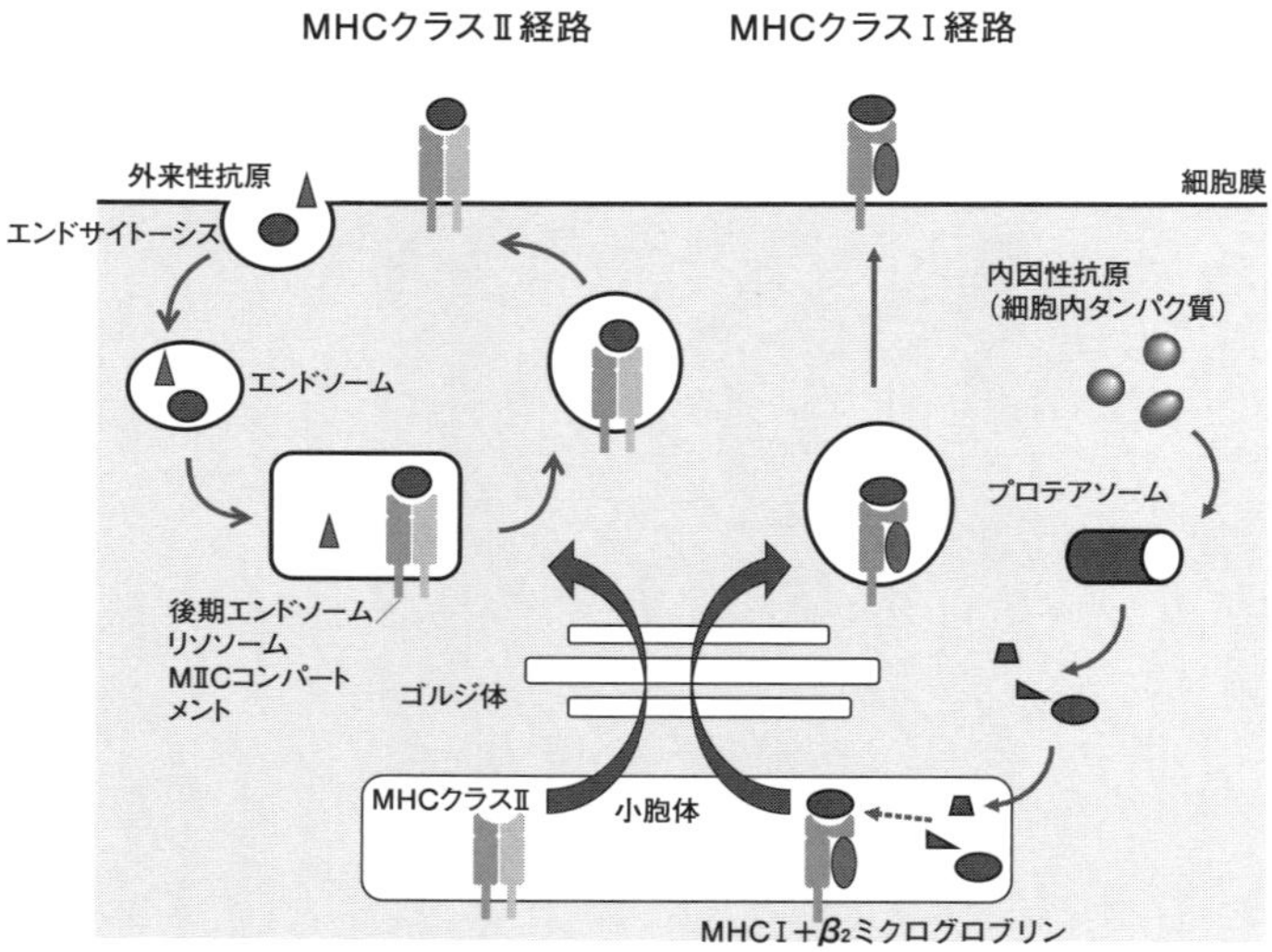

【図52】 抗原の提示経路

マクロファージ、B細胞など比較的限定された細胞に発現する。

バクテリアやウイルスなど病原微生物が侵入すると、それら異物はすぐさまT細胞によって異物と認識されるのではない。ここが免疫システムの不思議な、かつおもしろいところである。それら病原微生物は、いったん細胞に取り込まれ、その後に〈異物〉としてT細胞に提示されるのである。

細菌などの外来性抗原は、まずエンドサイトーシス（飲食作用）と呼ばれる機構によって、細胞内に取り込まれる（【図52】）。これを取り込む細胞はマクロファージ（大食細胞）や樹状細胞である。細胞内と言っても、これは膜に囲まれたまま、小胞として取り込まれるのであるから、抗原はまだ細胞の外部にあるのだと言ってもいいだろう。この小胞をエンドソームと呼ぶ。エンドソームはやがてリソソームと融合する。リソソームは第9章で記したように、タンパク質などの分解酵素が詰まったオルガネラであり、このなかで、外来性抗原は分解を受け、ペプチド（アミノ酸が数個から数十個繋がったもの）となる。タンパク質の断片である。

断片化された外来性抗原はMⅡCコンパートメントと呼ばれる小胞内で、MHCクラスⅡ分子と出会うことになる。MHCクラスⅡ分子は、膜タンパク質であるので、小胞体で合成される。その後α鎖とβ鎖が会合した分子は、小胞体からゴルジ体を経て、MⅡCコンパートメントにまで運ばれ、その中で先ほどのペプチドと結合するのである。ペプチドを結合したMHCクラスⅡ分子は、細胞表面へ運ばれ、ペプチドはMHC分子とともにT細胞に提示される。α鎖とβ鎖を二本の手と考えれば、両方の手でペプチドを捧げ持って、T細胞に差し出すというイメージであろうか。このような細胞は、抗原をT細胞に提示するので、抗原提示細胞とも呼ばれる。このように、MHCクラスⅡ分子による一連の抗原提示のプロセスは、一貫して細胞の外での出来事であることには注意しておきたい。外から来た異物は、内部には侵入させず、とりあえずすべて細胞の外で処理しているのだ。

T細胞は、その表面にT細胞受容体と呼ばれるアンテナを持っていて、それによって外来ペプチドとMHC分子の会合体を認識する。ここで大切なことは、異物は異物として単独で認識されているのではなく、あくまでMHCクラスⅡ分子とセットになった形でT細胞に認識されるという点である。すなわち自己という文脈（ＭＨＣ）のなかで異物と認められるということである。ＭＨＣ分子によってその細胞はまず自己として認められ、その自己が異物によって非自己化される（余計なペプチドが付いている）ことが、Ｔ細胞による異物認識の基本原理なのである。

異物を攻撃、除去するＴ細胞には、実働部隊としてのキラーＴ細胞と、キラーＴ細胞に攻撃指令を出すヘルパーＴ細胞が存在する。異物を認識するのは、ヘルパーＴ細胞のほうである。ヘルパーＴ細胞は、抗原提示細胞の「自己」ＭＨＣ分子上にある外来ペプチドを「非自己」として認識することによって、キラーＴ細胞に情報を伝達する。情報を受け取ったキラーＴ細胞は、その名の通り、殺し屋として病原体に侵された細胞を殺す。ヘルパーＴ細胞からの情報はＢ細胞（抗体を作る細胞）にも伝えられて、Ｂ細胞の分化を促し、その病原体に特異的な抗体を作らせることになる。

つまりヘルパーＴ細胞は、殺し屋のＴ細胞やマクロファージを活性化して、病原体に侵された細胞を殺させる役割と、Ｂ細胞を活性化して、抗体を量産し、抗体を使って異物を捕捉したり中和したりする作用の両方を持った細胞である。

ウイルスに感染したり、腫瘍化したりした細胞では、それらに特有の分子が細胞内で合成される。外からやってくるのではないので、内因性抗原と呼ばれる。内因性抗原はサイトゾルの巨大なタンパク質分解酵素複合体であるプロテアソームによってペプチドにまで分解される。この抗原ペプチドは、小胞体膜に存在するペプチドトランスポーターの助けを経て、小胞体内腔側に輸送される。これは膜輸送であり、サイトゾル（細胞の内）から小胞体内腔（細胞の外）への輸送である【図52】。

内因性抗原ペプチドは、小胞体の内部で今度はMHCクラスI分子と結合する。このペプチド・MHCクラスI分子複合体はゴルジ体を経て、最終的には細胞表面へと輸送され、抗原として提示される。この場合は、細胞内部の抗原がいったん小胞体内腔へ入るところで、内から外へのトポロジーの変化が起こるのである。細胞内部で起きた異常を、他の細胞（T細胞）によって認識してもらうためには、内部の抗原（異物）をいったん外に出してやらないと認識機構にかからない。

このようにして細胞外へ提示された内因性抗原ペプチドは、別の種類のT細胞に認識され、それが分化してキラーT細胞となって、そのような抗原を持っている細胞を攻撃する。キラーT細胞による細胞の攻撃、あるいはB細胞による抗体の産生機構についてはこれ以上立ち入らないが、このような抗原認識において、大切なことは非自己（抗原）は、かならず自己（MHC分子）とセットになって提示されるという点である。

免疫における自己と非自己

それではT細胞受容体は、どのように自己と非自己を区別するのだろうか。別の言い方をすれば、なぜ自己のMHC分子には反応しないのだろうか。これにはT細胞の成長の記録を辿らねばならない。

T細胞は、胸腺と呼ばれる器官のなかで作られる。胸腺は若い動物ではかなり大きな体積を占める臓器であり、若い男性では30グラムを越えるが、性成熟のあとでは急速に小さくなり、老年になるとほとんど見つけられないほどである。

この胸腺に血液細胞のもとである造血幹細胞がやってきて、分裂と増殖を繰りかえし、リンパ球が作られてゆく。これが血流に乗り、リンパ節や脾臓などに送られるのだが、この胸腺のなかで、自己に反応するT細胞は徹底して除去されるのである。すでに述べたようにT細胞はその表面のT細胞受容体によって異物を認識するのであるが、胸腺のなかにいるあいだ、きわめて厳密な選別にさらされる。

まず自己のMHC分子に反応できないT細胞は役に立たないので除かれる。しかし、あまりに強く反応するT細胞もまた、自己の細胞を攻撃する可能性があるので、排除される。この選別は見事に徹底していて、胸腺中のT細胞の90数パーセントのものは、正負いずれかの選別によって除かれる。まさに粛清である。「自己」に過剰に反応するT細胞が身体中に送られれば、たちまち自分の細胞を傷つけ殺すことになってしまい、生きのびることはできないからである（このような厳密な監視機構があるにもかかわらず、一部のT細胞では「自己」に反応するものができ、これが自己免疫疾患と呼ばれるものである。関節リウマチなどの自己免疫疾患は、本来攻撃しないはずの自分の細胞をT細胞が攻撃してしまうことによって起こるものである）。

こうして胸腺から出てきたT細胞は、「自己」のMHC分子（HLA）を提示している細胞は「自己」と認めて攻撃しないが、少しでも違ったMHC分子を提示している細胞は「非自己」と認識して反応するのである。臓器移植で拒絶反応が起こるのは、細胞表面に掲げられているHLAが微妙に自己のものと違うことをT細胞受容体が認識して攻撃するからである。

いっぽう、外から来た病原体が認識される場合には、先に述べたように、その断片（ペプチド）が自己のHLAとともに細胞表面に提示される。こうしてペプチドを結合したHLAは、自己のものであるにもかかわらず、何もつけていないHLAとは違ったものと認識される。免疫学者、多田富雄風に言えば「異物の断片が取り付いた『自己』のHLA抗原を発見する。すなわち『自己』のマークであったHLAが、異物によって『非自己』化したのを認識する」（『免疫の意味論』青土社）ということになるのである。

多田富雄の『免疫の意味論』は名著だと思っている。私は免疫学に関してはまったくの素人だが、はじめてこの本を読んだとき、免疫学における「自己と非自己」の捉えかたに大きな衝撃を受け、そして感動したのだった。1993年に出版され、大佛次郎賞を受賞したが、それから20年以上経っても、その根本は変わっていない。「自己と非自己」の認識こそが免疫の本質であると主張する『免疫の意味論』の内容は、きわめて哲学的でありつつ、現在でもなお色鮮やかに生きている。

もう少し多田富雄の言葉を借りれば、「T細胞の『非自己』の認識は、もともとは『自己』の認識の副産物」なのであり、「まず『自己』に対しては反応しないように認識の構造を設定し、それをそのまま利用して、『自己』が『非自己』化したことを認識させる」、つまり『非自己』は常に『自己』というコンテキストの上で認識される」のである。

この章での私の興味は、抗原認識という防御反応は、膜の内と外を絶妙に使い分けながらなされているというところにあるが、最後に多田富雄の、免疫学そのものの新たな捉え方を紹介して、次の話題に移ることにしよう。

「胸腺」を中心とした免疫の研究は、改めて生物学的「自己」とは何か、「非自己」とは何かを検証する機会を与えてくれた。「非自己」の認識と排除のために発達したと考えられてきた免疫が、実は「自己」の認識をもとにして成立していたのである。免疫は、「非自己」に対する反応系として捉えるよりは、「自己」の全一性を保証するために存在するという考え方が出てくる。（多田富雄『免疫の意味論』）

賢いバクテリア

私たちの細胞は、外と内を厳密に区別し、外からの異物が容易に内部に入れないよう厳しいバリアーとフェンスを設けている。にもかかわらず、時に私たちの細胞は、病原微生物に感染し、病原体の増殖を許すだけでなく、私たちの細胞自体への大きなダメージを受けることになる。どこが破綻してそのような事態になるのだろうか。

ひとつの興味深い例を紹介したい。コレラ菌である。コレラ菌はビブリオ属に属する桿菌の一種で、1884年にロベルト・コッホが発見したことになっているが、それより30年前にイタリア人のF・パチーニという医師による報告があり、彼の命名に従ってコレラ菌と呼ばれるのだという。コレラ菌にも多くの種類があり、病原性を持つのは、コレラ毒素という毒素を持つものだけである。コレラ菌は経口感染し、腸内で増えるが、毒性を及ぼすのは、コレラ毒素が細胞内に入るからである。

コレラ毒素は、AサブユニットとBサブユニットからなるが、Bサブユニットに細胞結合活性があり、これを介して細胞に結合し、エンドサイトーシスによって細胞内に取り込まれる。取り込まれたAB複合体は、エンドソームからゴルジ体、そして小胞体へと、通常の分泌過程を逆に辿るような形で、いわゆる逆行輸送の経路を通って、小胞体内腔にまで達する。

細胞に毒性を及ぼすためには（別にコレラ毒素がそんな悪意を持っているわけではないが）、毒素は細胞の内部（サイトゾル）に入らなければならない。小胞体内でAとBのサブユニットを解離させたあと、細胞毒性を持ったAサブユニットだけがサイトゾルに送り込まれる。どのようにして小胞体膜をくぐり抜けるか。ここで毒素が利用するのが、先に述べた小胞体関連分解というシステムである【図53】。小胞体関連分解では小胞体内腔からサイトゾルへタンパク質（ポリペプチド）が送り出されたが、そのときポリペプチドを通すための孔があった。コレラ毒素の場合、こ

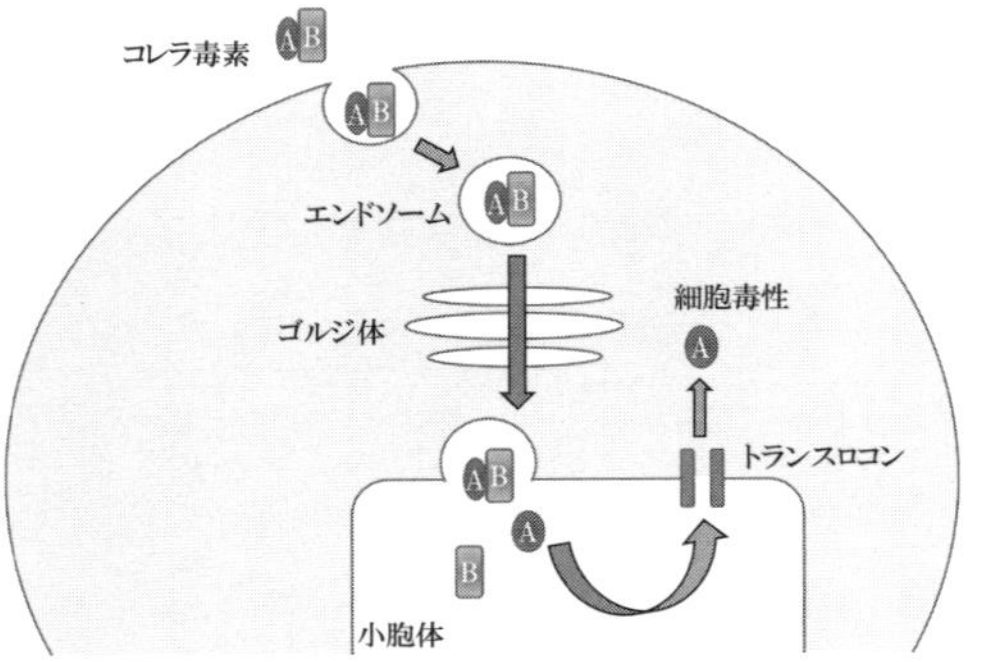

【図53】 コレラ毒素の侵入経路

の孔を利用して、Aサブユニットをサイトゾルへ送り込み、そこで毒性を発揮する。(注40) 具体的には、このAサブユニットは、細胞表面のイオンチャネルを開いたままにするのである。チャネルが開いたままになると、電解質が細胞から漏れつづけ、激しい下痢を引き起こすことになる。

これがコレラ毒素による病因であるが、コレラ毒素は、本来我々の細胞が、タンパク質の品質管理のために開発してきた小胞体関連分解というシステムをちゃっかり拝借して、自らの毒素を小胞体（外部）からサイトゾル（内部）に運び込んでいたのである。なるほど敵ながらあっぱれと言うほかはない。コレラ毒素は、まさに我々の備えている危機管理システムのハイジャックを行って、我々を逆に攻撃していたのである。

カニバリズムと狂牛病

１９５０年代以前のパプアニューギニアには不思議な風土病が蔓延していた。クールー病と言う。パプアニューギニアのフォア族の人びとのあいだで流行していた病気である。女性の患者が多く、子供にも発症していた。

この原因はまったくわかっていなかったが、たまたまオーストラリアからアメリカに帰ろうとする一人の医師が、パプアニューギニアの首都ポートモレスビーに立ち寄ったのが、物語の始まりであった。医師の名は、ダニエル・カールトン・ガジュセック（【写真8】）。オーストラリアでの研究を終えたばかりの34歳の若い医師であった。ガジュセックは地元でフォア族の奇病について研究を続けている医師ヴィンセント・ジガスに巡り合い、一緒にこの奇妙な風土病の原因究明に乗り出すことになった。ほんのちょっと立ち寄っただけの地で巡り合った奇病に、その後40年間のめり込むことになったのである。

クールー病は、アルツハイマー病やパーキンソン病に似た症状を見せ、震えが止まらなくなり、まるでダンスを踊っているようにも見える。進行は急激で、3カ月ほどで運動機能が麻痺。食物を飲みこむこともできなくなり、多くの場合、1年以内に死んでしまう。

ガジュセックはじめ、人類学者をも含めた多くの研究者がかかわることになった。この病気が感染性を持つことが明らかになり、ついにその感染の原因が究明されたのは、本格的な研究が始まって十数年、１９６０年代半ば以降のことであった。が、その原

【写真8】Daniel Carleton Gajdusek。ノーベル財団ホームページより

因は驚くべきものであった。

フォア族では、身内が亡くなると遺体を、家族をはじめ村の者たちが食べることによって、その死を悼むという風習があった。カニバリズムである。クールー病で死んだ患者の遺体も同様に食され、そのことによって次々に感染したのである。因みに、家族の遺体を食するとき、男性は筋肉などの旨い部分を主に食べ（ヒレとかロースとかサーロインと呼ばれる部位はすべて筋肉である）、女性は脳や脊髄を多く食べていたというが、実はこの脳や脊髄にクールー病を引き起こす原因があったのである。女性や子供にこの病気が多く発生したのは、この理由による。

カニバリズムがクールー病の原因であるという結論は状況証拠に基づくものであったが、実際にカニバリズムが禁止されると、その奇病は徐々にフォア族から消失した。食人の風習が感染を広げていたことは現在では確実だとされている。

この奇病クールーが、ヨーロッパをはじめとする文明国でも知られていたヒトのクロイツフェルト・ヤコブ病ときわめてよく似ていることは、当時から認識されていた。一方で同様の症状を呈する病態は、なにも人間だけに限らず、他の動物でも見られることが徐々に明らかになっていった。羊のスクレイピーという病気は、羊が痒そうに柵に身体をこすりつける（スクレイプ）ところからついた病名であるが、羊だけでなく同様の病態は、ミンクやチーター、鹿など野生動物でも見られる。

何より牛にも同じような病気が報告されており、これは重大な関心事であった。牛ではこの病

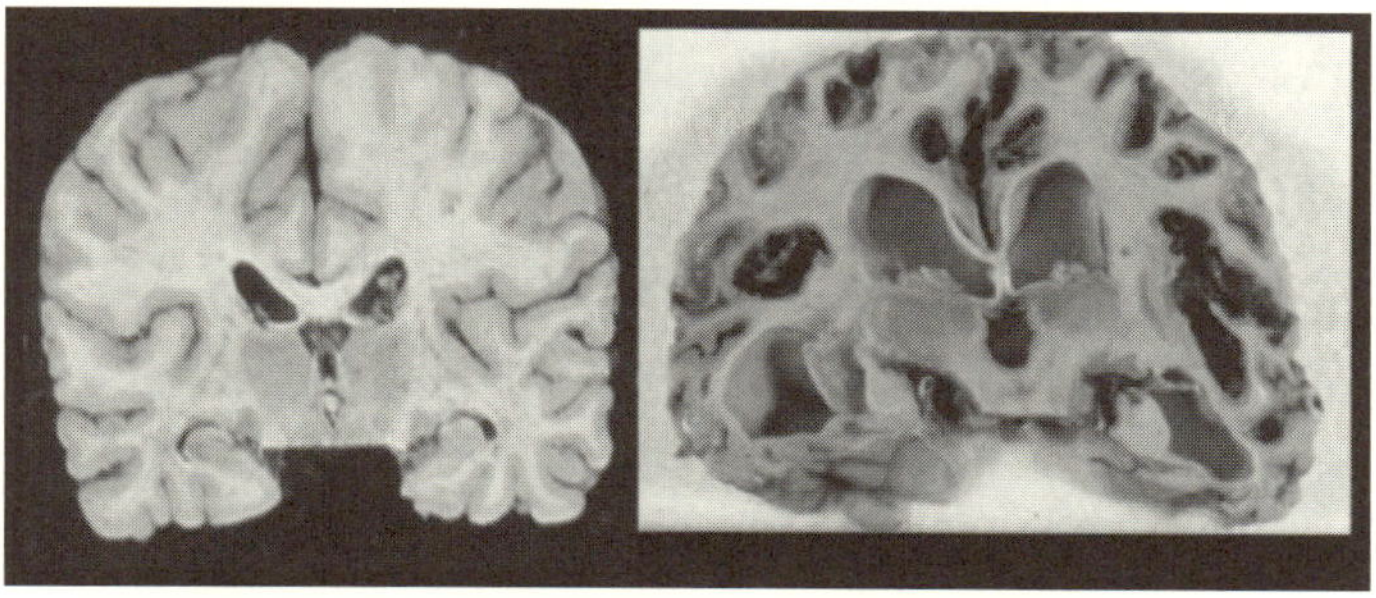

【図54】 正常な大脳（左）とクロイツフェルト・ヤコブ病患者の大脳（右）

態は狂牛病と呼ばれた。牛の歩き方や行動が、制御不能で異常に見えるところからつけられた名前である。現在では牛海綿状脳症（ＢＳＥ）と呼ばれることが多い。病気の牛あるいはクロイツフェルト・ヤコブ病患者の脳を調べてみると、スポンジ状にスカスカになっており、海綿状脳症と呼ばれるのである【図54】。

どの動物がその発症の最初のものであったのかは明らかになっていないと思うが、牛のＢＳＥ発症の原因に関しては明らかである。牛の成長を早めるために、羊の肉骨粉を牛の飼料に混ぜて与えたのである。同じように成長を早めるため、牛の肉骨粉を飼料に混ぜて、別の牛に与えるということが普通に行われていた。これが羊から牛、牛から牛への感染を引き起こしていたのである。

感染ということで言えば、ＢＳＥがヒトに感染するかどうかというのは、われわれ人類にとっては大問題であった。何しろ牛はもっとも大切なタンパク源、もしヒトに感染するとすれば、ＢＳＥにかかった牛は確実に処分しなければならない。

英国政府は当初、公式見解としては、BSEはヒトには感染しない、すなわちこの病気は種を越えては伝播しないとしていた。1990年代初頭のことである。ところが1995年に15歳の少女がクロイツフェルト・ヤコブ病に罹患したと報告されたのを皮切りに、次々と変異型クロイツフェルト・ヤコブ病が見つかり、遂に政府が、この病気は牛からヒトへの感染を否定できないと発表するに至ったのである。400万頭以上の牛が処分され、英国政府にとっては大打撃であった。

日本でも2001年に初めてBSEに罹った牛が発見されたが、これは牛に与える飼料を輸入していたことが原因と考えられている。欧州、そしてカナダ、アメリカでBSEが報告され、当初は輸入禁止の措置が取られたが、2005年以降はBSE対策の条件に添ったものだけを輸入するとした。国内では当初は全頭について検査をしていたが、やがてある月齢以上の牛についてだけ、検査をするシステムに代わり、世界的にBSEの報告がほとんど無くなってきた2013年以降は、30カ月以上、あるいは48カ月以上の牛についてだけ検査が実施されるようになった。

プリオンという不可解なタンパク質

BSEおよびヒトのクロイツフェルト・ヤコブ病の病原体が特定されたのは、ずっと遅く、1980年代に入ってからであった。

普通、感染と言えば、病原体が侵入し、私たちの体内で、もっと言えば細胞のなかで、自らの遺伝子を増幅し、数を増やして細胞から出て行くことである。たいていはその時に私たちの細胞は死ぬことになる。病原体は赤痢菌やコレラ菌、破傷風菌や黄色ブドウ球菌、最近よく耳にするO－157など、バクテリア（細菌）である場合と、インフルエンザ、エイズや、いまアフリカで猛威をふるっている、致死率の高いエボラ出血熱まで、ウイルスが病原体となっている場合がある。

バクテリアはそれ自体が生存能力をもち、増殖するが、ウイルスはそれ自体では生きることも増えることもできない。その意味で、ウイルスは生命体ではないというのが、現在の一般的な理解である。生命の三原則、「外界から区画される」、「自己複製能力を持つ」、「代謝活動をしている」のうち、二番目と三番目の要素を、自分自身では持っていないからである。

ウイルスは私たちの細胞に侵入して、私たちのタンパク質を借りて、自分たちの遺伝子（DNAの場合も、RNAの場合もある）を増やし、かつウイルスの殻を構成するタンパク質自体も、私たちのリボソームなどタンパク質合成装置をちゃっかり拝借して作ってしまうのである。遺伝子とウイルスの殻を細胞内で作って、数限りないウイルス粒子を作ったのち、それが細胞を破って、次の細胞（一個体内の場合も、他の個体の場合もあるが）に乗り移ってゆく。

感染症とはざっと記述すれば、そのような病態である。感染の本質は、病原体が自らの遺伝子を増幅するために、他の宿主を利用することにある。何も宿主を倒すことが目的ではなく、自らの遺伝子を増やし、かつ伝えるために利用するだけなのである。倒してしまえば、次に利用する

【写真9】 Stanley B. Prusiner。ノーベル財団ホームページより

ことができなくなり、自らの生存にとって不利なことは言うまでもない。しかし、その病原体が増えるのと引き換えに、宿主個体が死んでしまう場合もある。いずれにしても、病原体自身の遺伝子（ＤＮＡあるいはＲＮＡ）を増幅することが感染症の生物学的意義であると言ってもいい。

さて、クールー病、クロイツフェルト・ヤコブ病などのヒトの病気、他の動物のスクレイピーやＢＳＥなどが、感染症であることはすでに述べた。それでは、この病原体は何であったのか。１９８２年、カリフォルニア大学サンフランシスコ校のスタンリー・Ｂ・プルシナー（【写真９】）は、この病原体の本体はＤＮＡでもＲＮＡでもなく、タンパク質であるという驚くべき結果を発表した。実はそれ以前から、核酸を損傷するはずの紫外線や熱などで、この感染性因子が失活しないことから、タンパク質が原因ではないかという説も出されていたのだが、それをプルシナーが初めて同定し、精製したのである。このタンパク質はプルシナーによってプリオン（prion）と名づけられた。タンパク質のプロテイン（protein）と感染（infection）の合成語である。

タンパク質のみで感染が成立するという概念は、それまでの生物学の常識では考えられないものである。これはタンパク質単独仮説と呼ばれることになった。現在では「仮説」ではなく「プリオン説」と呼ばれている。

プリオンタンパク質（PrP）は200個ほどのアミノ酸からなり、GPIという糖脂質を介して膜に結合したタンパク質である。正常型のプリオンを PrP^{C} と表記するが、これは細胞型（cellular）のCを用いたものである。いっぽう、感染性をもったプリオンは、正常型プリオンとまったく同じアミノ酸配列を持つにもかかわらず、正常型プリオンとは異なった構造を持つのである。正常型は α ヘリックスが多いが、感染型（伝播型）プリオンはむしろ β シート構造が多く見られるようになる。伝播型プリオンを PrP^{Sc} と表記する。Sc はスクレイピーを表わしている。

通常、タンパク質のフォールディングは、もっとも安定した、すなわちエネルギー準位の低い構造をとるようになるまでフォールディングを受ける。だから多くのタンパク質で構造は1種類ということが多いが、プリオンの場合は、もう一つの構造、すなわち β シートが比較的多い感染型（あるいは伝播型）の構造をも取り得るのであった。

たとえばBSEにかかった牛の肉を食べるとする。伝播型プリオンが取り込まれるわけである。この伝播型プリオンはそれ自体が増幅あるいは増殖するわけではない。実は、この不思議なタンパク質は、我々の細胞が普通に持っている正常型プリオンを伝播型に変えるのである。これを β 転移と言う【図55】。直接接触することによって PrP^{C} が PrP^{Sc} に変わるのか、そのあいだに何か別のタンパク質が介在するのかはまだわかっていない。しかし、いったん伝播型 PrP^{Sc} が体内に入ることにより、我々がもともと持っていた正常型プリオンがどんどん伝播型に変えられてい

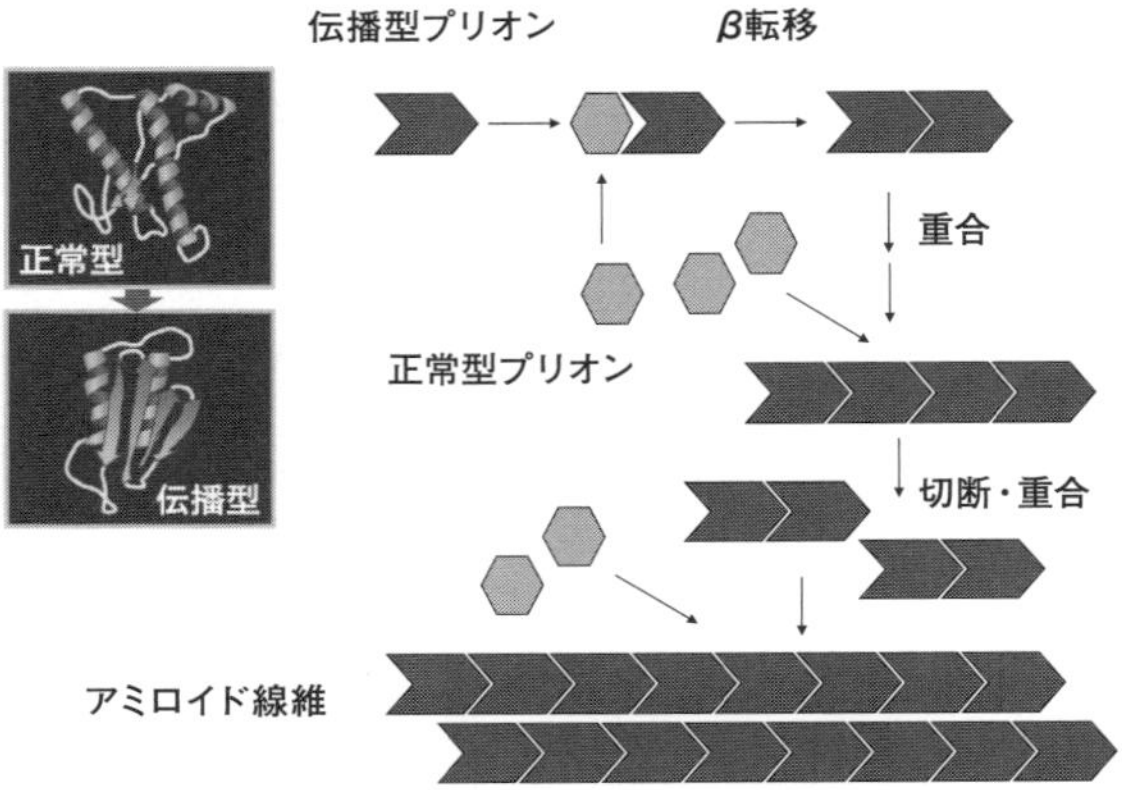

【図55】 プリオンタンパク質の伝播・増幅機構

く。伝播型はβシートが多いので、凝集体あるいはアミロイド線維を形成しやすく、さらにそれが物理的な力などによって切断されると、それを核にしてまた新しいアミロイド線維が作られる。このようにして蓄積したアミロイド線維は、我々の神経細胞を傷害し、その結果、細胞集団がいたるところで死滅して、脳は海綿状すなわちスポンジ様のスカスカになるのである。

　このような病理像は、他の神経変性疾患、アルツハイマー病やパーキンソン病などでも共通して見られる組織像である。他の神経変性疾患においても、同様にアミロイド線維形成が神経細胞死を引き起こすことが知られている。

プリオン病は感染症の概念を変えた

　プリオン病は感染症ではあるが、感染症のなかでは唯一DNAもRNAも関係せず、タンパク質だけで感染を引き起こすという、これまでの常識を越えた感染症であることが明らかとなった。

　しかし、この病気にはまだ謎の部分がきわめて多い。まずプリオンタンパク質自体の機能がまったくわかっていないと言ってもいいのである。いくつかの機能が示唆されているが、どれも確定というところからは程遠い。

さらに不思議なのは、感染経路である。プリオン病の牛の肉を食すというのが最初であることははっきりしている。空気感染でも、接触感染でもなく、食べ物としての経口摂取が感染の最初である。食されたタンパク質は胃で部分分解され、やがて小腸でアミノ酸にまで分解されて、小腸上皮細胞によって取り込まれると説明してきたはずだ。プリオンはなぜ分解されないのか。伝播型プリオンとしてβシート型を保持していなければ、我々の細胞が持っている正常型プリオンをβ転移させることはできない。胃や小腸でどのように分解を免れ、伝播型としての（正しい）分子構造を保持したまま、どのように吸収されてゆくのだろうか。だれもこの問いに答えることはできない。

本書でこだわってきた膜透過という観点から、この感染は成立するものなのだろうか。小腸上皮細胞は、すでに述べたようにタイトジャンクションによって、細胞と細胞のあいだはきっちりと縫い合わされ、水も漏らさぬほどのバリアーとなっていたはずである（第4章参照）。細胞と細胞のあいだを通り抜けられないのなら、細胞膜を介していったん細胞内部に取り込まれ、もう一度細胞膜を介して外部（つまり血管内）に放出されるのだろうか。これだけの大きさをもったタンパク質が、その構造を保ったまま細胞膜をすり抜けられるとは普通考えられないから、細胞膜が陥入して、エンドサイトーシスによって取り込まれることになるだろう。この小胞（エンドソーム）は、やがてリソソームと融合して、常識的にはそこに詰まっているタンパク質分解酵素によって分解されてしまうはずである。こうなってはやはり感染は成立しない。

繰り返せば、どのようにしてプリオンタンパク質が膜をすり抜け、伝播型の構造を保持したまま、我々の正常型プリオンに到達するのか、これはほとんどオープンクエスチョンという状態である。我々の持っている細胞生物学の常識では理解不可能である。しかし、現実に伝播型プリオンは我々に感染し、正常型プリオンを伝播型に変えていっている。これは事実である。我々の常識、知識のどこに不備があるのか。研究者としては、まことに魅力的な謎であり続けているタンパク質なのだ。

もう少し付け加えれば、感染の本質は、病原体が自己の遺伝子を増やす、すなわち自己増殖のために、たまたま他の生物体の細胞を借りるところにあると述べてきた。バクテリア然り、ウイルス然りである。感染によって宿主を殺してしまうこともあるが、それと引き換えに、病原体は自己の種保存を行っていた。迷惑な話だが、これは生物多様性という観点からは許さなければならないことなのかもしれない。

然るに、プリオンによる感染の生物学的意義はいったいどこにあるのだろう。伝播型プリオンは、我々の正常型プリオンタンパク質を伝播型に変える。その意味では伝播型プリオンの数は増える。しかし、それは種としての生命体を保持し、増やしたことにはなっていない。伝播型プリオンを増やして、宿主を死に追いやったとして、プリオン自体には何のメリットも意味もないと言わざるを得ないだろう。何しろタンパク質そのものは生命ではないのだから。何のために、プリオンは正常型プリオンを伝播型に変えていくのか。プリオン自体に、その現象が利益をもたらすとは考えにくい。それでは系として何らかのメリットがあるのか？　これについても我々の常識から何らかの意味を見いだすのは難しいように思われる。進化圧（適者生存の原理で、有利な形質をもったもののみを残すという進化の圧力）に耐えてこの感染が残ってきているということは、ある特殊な情況下では感染した状態のほうが生存に有利である（あった）ということなのだろうか。考えれば考えるほど、まことに不思議な感染症である。

（注40）Ａサブユニットがサイトゾルに入り込むと、細胞膜に存在する三量体Ｇタンパク質を修飾し、これが毒性の原因となる。三量体Ｇタンパク質は情報伝達に重要な役割を果たすタンパク質であるが、ＧＴＰを結合したフォームが活性型であり、情報を伝えたあとは速やかにＧＴＰを加水分解して遊離し、不活性型に戻る。コレラ毒素のＡサブユニットは、この三量体Ｇタンパク質にＡＤＰリボシル化という修飾を行って、ＧＴＰが結合したままの状態に固定してしまう。こうなると三量体Ｇタンパク質はいつまでも活性化状態が維持される。下流のタンパク質、特にイオンチャネルが異常に開いたままの状態となり、その結果、電解質の細胞からの漏出が続き、激しい下痢の原因になるのである。

おわりに

「恒常」と言えば、「定まっていて変わらないこと」(『広辞苑』)というのが辞書的な意味だが、いまやホメオスタシスという言葉も「広辞苑」には載っていて、そこにはこの言葉がウォルター・B・キャノンによる造語であると記されている。アメリカの生理学者であったキャノンが、1930年代に提唱した言葉である。19世紀、フランスの生理学者クロード・ベルナールによって提唱されていた、生体の内部環境は外部から独立して営まれているという「内部環境の固定説」を発展させ、「同一の」と「状態」という二つのギリシア語を組み合わせてキャノンが作った言葉がホメオスタシスという用語である。

ホメオスタシスは主として生理学の用語として用いられてきた。本書でもすでに述べたような血糖やカルシウムの恒常性、その他に体温、血液成分の恒常性はよく知られるところであろうし、内分泌系のフィードバック制御は生体のホメオスタシスを論じるとき必ずと言ってもいいほど出てくる例である。本来生理学の用語であり、生理学における概念形成がなされてきたことで、ホメオスタシスは主として個体レベルの概念として定着してきたと言える。

しかし、ホメオスタシスは個体レベルのもののほかに、細胞レベルでもそれを考えることは重要であり、細胞レベルのホメオスタシスが正常に保たれなくては、一個の細胞でさえ生存できないのである。

外部環境の変化にいかに対処して、内部環境の恒常性を保つかは、もちろん簡単な問題ではない。細胞は、細胞膜によって外部と隔てられている。細胞膜は文字通り「水も漏らさぬ」緻密さで外部と内部を隔離しなければならないが、一方で外部を内部から完全にシャットアウトしてしまっては、これまた生存は不可能になる。

すでに述べたように生命が生命として成立するための基本条件は、「1．外界から区別された単位であること」、「2．（遺伝子増幅によって）自己複製し、子孫を残せること」、そして「3．代謝活動を行っていること」である。殊に代謝を行うためには、外部から不断に物質を取り入れ、内部の不要な物質、あるいは他の細胞（組織）が必要としている物質を放出しつづけなければならない。膜を介した物質ないしは情報のやり取りが必須の条件になるのである。

細胞は、膜上で外部の情報をキャッチし、膜を介して外部から物質を取り入れる。情報は細胞内における生命活動を円滑に行わせるための制御機構を形成し、外部から摂取された物質は、生命活動を行うために必要な高分子化合物を合成するために使われる。取り入れるばかりでは、生命活動を行う（細胞という）場のキャパシティが飽和してしまうので、取り入れた分に相当する物質を外へ排出しなければならない。もちろん、細胞が必要とするエネルギーを差し引いた分とならざるを得ない。アインシュタインの言ったように、エネルギーと（物質の）質量とは交換可能だからである。

このような、膜を介した物質の出し入れは、生命の基本的要件であるが、いっぽうで、そうした絶え間ない出し入れにも関わらず、全体としては内部状態が常に変わらないというのも、生命の基本的性格である。変わらないというよりも、変化を最小限度に抑えながら、平均して元と同じ状態を維持しようという戦略である。これを恒常性と言うが、この恒常性は、個々の細胞レベルでも、細胞の集合体である個体レベルでも、同様に維持されている。あるいは維持すべく努力している（そして、時に破綻をきたす）。

本書は、細胞に、あるいは細胞膜に課せられた、「閉じつつ開いている」というこの本質的に困難な二律背反が、どのように克服されてきたのか、されているのかを紹介したいと願って成った書である。すでに見てきたように、さまざまの物質や情報のやり取りの場において、細胞は、このアポリア（困難）を見事なシステムと工夫によりくぐり抜けてきた。

細胞は、外界の激しい変化を受容しつつ、あるいは内部的には分解と合成の代謝活動を常に行いつつ、しかし、自身の内部状態の恒常性を維持しつづけている。そのような細胞レベルの、そして個体レベルの恒常性の前提になっているものが、細胞膜であり、細胞膜の「閉じつつ開いている」という本質的な性質なのであった。ここにもまた見事なシステムの構築と、人智を越えたような卓抜なアイデアとメカニズムの駆使を見ることができた。

『生命の内と外』というタイトルが意図するところのものは、細胞膜を介した外部と内部の相互作用ということでもあるし、外部の変化に自らを開きつつ、しかもなお内部の統一性・恒常性を維持する生命の本質的な営みに注目することでもあった。そしてこれらに注目することは、「生命とはなにか」について考えることに他ならないと、私は思っている。

ここに紹介した個々の例についてなら、それぞれの分野の専門家がより詳しく紹介したり、論じたりはできるだろう。しかし、膜という「生命の内と外」を区切る境界に着目し、その「閉じつつ開く」という本質的なアポリアを生命がどのように克服しているか、そしてそのことによって、生命の最小単位である細胞レベルでの「恒常性」がいかに維持されているかを、統合的に論じた書は、私の知る限り他にあまり例を見ないのではないかと思っている。区切るということと、内部の恒常性維持ということとは、表裏一体の事象なのであった。

ここではいくつかの代表的な例について、少し専門的になり過ぎることを覚悟で紹介してきた。生命の持つ、あるいは生物の持つ本当のおもしろさは、安易な譬えだけでは伝えきれないところがある。少々面倒でも、そこに登場するそれぞれの役者の個々の役割を知ってもらうことによって、進化という途方もない時間が実現してきた驚くべきメカニズムに触れていただきたいと考えたからである。

ここに述べただけで十分とはもとより考えてはいないが、これを機会に生命の最小単位である細胞というちっぽけな存在が、いかにその内部と外部を使い分けながら生命の営みを行っているかを実感していただけたなら幸いである。

本書は、2013年4月から2015年1月までの2年にわたって、季刊誌『考える人』に連載したものを、全面的に書きかえたものである。単行本にするにあたって、第1章の発生の部分を、発生学の近藤寿人博士（現京都産業大学教授）にお読みいただき、一部書き換えを行った。近藤先生にお礼を申し上げたい。

本当なら、この構想はもっと早く実現するはずだったのだが、2011年6月より、同じ新潮社の雑誌『波』に、私の亡くなった妻、河野裕子の闘病の十年を連載することになり、『考える人』の連載開始が遅れたのであった。河野裕子について書いたものは、『歌に私は泣くだらう』として新潮社より刊行され、その後文庫化された。その連載でも新潮社の今泉正俊さんにたいへんお世話になったが、じつはこの連載は当初から今泉さんに声をかけてもらったところから始まった企画であった。今回も連載から本書の刊行まで、今泉さんに担当していただき、大きな助けとなった。もう一度、深く感謝したい。

2016年12月

永田和宏

新潮選書

生命《せいめい》の内《うち》と外《そと》

著　者………………永田《ながた》和宏《かずひろ》

発　行………………2017年1月25日
3　刷………………2024年3月10日

発行者………………佐藤隆信
発行所………………株式会社新潮社
〒162-8711 東京都新宿区矢来町71
電話　編集部 03-3266-5611
読者係 03-3266-5111
https://www.shinchosha.co.jp
印刷所………………大日本印刷株式会社
製本所………………株式会社大進堂

ISBN978-4-10-603794-8 C0345